# 数字印刷技术及应用

刘全香 编著

U0305671

文化发展出版社
Cultural Development Press

## 内容提要

本书系统详细地阐述了数字印刷的基本理论与基本原理、数字印刷系统的工作原理及其特点，以及数字印刷的工艺流程与方法。内容包括数字印刷的基本概念与特点、各种数字印刷方式的成像原理与特点、数字印刷系统的工作原理及典型的数字印刷系统的特点、数字印刷的印前图文处理技术与方法、数字印刷的色彩管理原理与方法、数字印刷用纸与油墨、数字化印刷工作流程、数字印刷质量控制方法与手段，以及数字印刷技术的典型应用实例。

本书内容系统全面，图文并茂，包含了许多当前最先进的数字印刷技术与系统的相关知识。本书可作为印刷工程、包装工程等专业的教材，也可作为从事印刷行业的工程技术人员、管理人员，以及希望或准备涉足数字印刷技术相关人员的参考资料。

**图书在版编目（CIP）数据**

数字印刷技术及应用/刘全香编著.–北京：文化发展出版社，2021.1

ISBN 978-7-5142-0226-7

Ⅰ.数… Ⅱ.刘… Ⅲ.数字印刷 ⅣTS805.4

中国版本图书馆CIP数据核字(2011)第094528号

## 数字印刷技术及应用

编　　著：刘全香

责任编辑：李　毅　　　　　　　　　责任校对：郭　平
责任印制：邓辉明　　　　　　　　　责任设计：侯　铮
出版发行：文化发展出版社（北京市翠微路2号 邮编：100036）
网　　址：www.wenhuafazhan.com
经　　销：各地新华书店
印　　刷：天津嘉恒印务有限公司

开　　本：880mm×1230mm　　1/32
字　　数：241千字
印　　张：8.875
印　　次：2011年7月第1版　2021年1月第11次印刷
定　　价：49.00元
ＩＳＢＮ：978-7-5142-0226-7

如发现印装质量问题请与我社发行部联系　直销电话：010-88275710

# 前言

数字化正广泛而深入地影响着世界范围的各个行业,印刷业也随之掀起了数字化浪潮。可以说,到目前为止,印刷行业是应用计算机技术和数字技术最为广泛的行业之一。数字化技术不仅改变着印刷生产模式,也对产业的运作方式产生了很大影响。而目前发展十分迅猛的是数字印刷技术。

虽然目前数字印刷在整个印刷市场所占的比例还不大,但数字印刷的产值却增长非常快。数字印刷的发展不仅仅是设备的更换,其核心是先进设备、技术和市场的融合。数字印刷技术的发展将会给整个印刷工业带来永久性的变化。从技术上讲,数字印刷完全不同于传统模拟印刷,它不用胶片,不经过分色制版,省略了拼版、修版、装版、定位、调墨、润版等工艺过程,不存在水墨平衡问题,从而大大简化了印刷工艺,实现短版、快速、实用、精美而经济的印刷工艺。从行业发展来讲,数字印刷既是对传统印刷的一个补充,又是传统胶印有力的竞争对手。一方面,信息的按需化服务是当今信息产业发展的一种趋势,作为提供图文信息产品服务的行业,印刷业也是当今信息产业非常重要的一个组成部分,当然也在向按需化和个性化服务方向发展。不断变化的客户需求导致按需印刷的增长,印品的印数越来越少,人们不仅希望能随时随地接需要的数量来印刷,而且希望交货期越短越好,价格更便宜。传统印刷很难满足这种短版、快速的印刷要求,而数字印刷正好是对传统印刷的补充;另一方面,数字印刷的印量在不断增加,印刷质量也不断逼近传统胶印,所以数字印刷在按需印刷方面快速发展的同时,也必将抢占部分传统印刷的市场。

在本书编写过程中,注重处理全面、系统、重点与先进性之间的关系,既详细介绍数字印刷的基本理论与原理,以及当前各种先进的数字印刷系统的工作原理与特点,同时又力求从技术上全面阐述数字印刷的工艺流程与方法。全书共分十章,第一章简要介绍数字印刷的基本概念与特点,第二章详细介绍各种数字印刷方式的成像原理与特点,第三章详细介绍数字印刷系统的工作原理及各种典型的数字印刷系统的特点,第四章简要介绍数字印刷用纸与油墨,第五章详细介绍数字印刷的印前图文处理技术与方法,第六章简要介绍数字打样技术,第七章介绍数字印刷的色彩管理原理与方法,第八章介绍数字化印刷工作流程的原理及典型流程,第九章介绍数字印刷质量控制方法和手段,第十章介绍数字印刷技术的实际应用。

再版修订过程中,全书尽可能反映当前数字印刷的最新技术与成果,但由于现代印刷技术发展非常迅速,新技术、新工艺不断涌现,又由于时间仓促,搜集资料十分有限,再加上编者水平有限,书中不足与疏漏在所难免,恳请专家、读者批评指正。

书中引用了许多专家作者的资料和著述,未能一一列出,在此谨向他们致以真诚的谢意。

**编　者**

2011 年 3 月于珞珈山

# 目录

# 数字印刷概述

数字化正广泛而深入地影响着世界范围的各个行业,印刷业也掀起了数字化浪潮,数字化不仅改变着印刷生产模式,也对产业的运作方式产生很大影响。因此现代印刷业的生产和处理方式正从模拟流程转向数字流程,存储方式从仓储转向高密数字方式,传输方式从交通运输转向数字网络传输,从针对大众化的大量生产转向针对个性化的按需生产。数字化的结果使印刷复制的全过程融为一体,极大地减少了印刷的中间环节及原材料,实现了高速的印刷复制工艺。印刷工艺的数字化不仅表现在图像印前处理工艺中,也越来越广泛地应用在印刷输出过程中,即直接输出印版或印刷品的数字印刷工艺。

## 1.1 数字印刷的产生

计算机技术和数字技术给世界科学技术的发展与应用带来了翻天覆地的变化,印刷行业可说是应用计算机技术和数字技术最为广泛的行业之一。数字技术在印刷行业的广泛应用首先体现在印前领域,然后又逐步渗透到印刷的后续工艺过程及管理、质量控制等方面,并导致了许多印刷新技术、新工艺的产生,数字印刷便是其中之一。

首先,数字印刷的产生与计算机的主要外围设备有密切的关系。打印机的打印原理主要有静电照相和喷墨打印两种,这两种成像原理正是数字印刷机的主要成像方式。此外,打印机的页面描述技术的发展也推动了数字印刷的产生,特别是 RIP(Raster Image Processor,光栅图像处理器)的产生与发展,为数字印刷能输出期望的页面起到关键作用,用户在排版软件中生成的页面在 RIP 的控制下,就可由数字印刷机直接输出在特定的介质上。因此计算机的打印输出成像原理及控制技术是数字印刷技术产生的关键技术基础。

数字图像处理技术在印刷领域的应用也为数字印刷的产生奠定了基础。在印刷复制的三种对象即文字、图形、图像中,图像处理是最重要和最复杂的。数字图像处理是将模拟的图像信号转换成数字图像信号,并按特定的要求进行处理的技术,它是印前图像处理工艺所必须的,同时对数字印刷也同样重要,实际上数字图像处理技术渗透到数字印刷的整个工艺流程中,从原稿的输入即数字化,到处理输出,都需要数字图像处理技术的支持。

数字印刷产生的直接推动力则是数字印前技术。数字印前技术将原稿的输入、图像处理、文字处理、图像设计与制作、排版、分色、加网、打样、输出等一系列印前工艺过程全部结合在一起,采用全数字工作方式,不但提高了工作效率,也提高了产品质量。数字印前技术进一步发展并向印刷后工序延伸,便产生了直接制版技术。直接制版技术不但进一步缩短了印刷工艺流程,还节省了原材料和设备。将在印版上输出页面信息发展为直接将页面信息输出在承印物纸张上,即产生了数字直接印刷。

如图 1-1 所示,数字印前处理的 CTP 流程包含以下四种含义:

Computer to Plate:脱机的直接制版

Computer to Press:在机的直接制版

Computer to Proof:直接打样或数字打样

Computer to Paper:直接印刷或数字印刷

1. 直接制版技术

直接制版技术是指由计算机到直接完成印版制作的工艺过程。直接制版是通过数字式版面信息转换成点阵(RIP)后,利用印版照排机将数字式的页面信息直接扫描输出在印版版材上,然后经显影,即制成印版。其工艺流程如图 1-2 所示。根据所制作的印版是通用印版还是在某一印刷机上专用的印版,可将直接制版分为在机

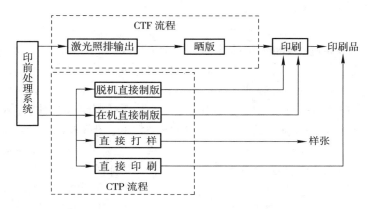

**图1-1　数字印前处理的CTP流程**

直接制版和脱机直接制版两种工艺。在机直接制版技术是所制作的印版仅供某一台印刷机使用，其制版系统的直接制版机与印刷机连为一体，也就是说，此类制版系统既是一台印版制版机又是一台印刷机。脱机直接制版技术是为多台印刷机制作印版，即其制版系统的直接制版机与印刷机是分离的，也就是说制版机和印刷机相互独立工作。

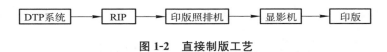

**图1-2　直接制版工艺**

2. 直接打样技术

直接打样是将数字式页面直接转换成彩色样张的工艺过程，即由计算机直接获得样张的数字式过程，也称为直接数字式彩色打样（DDCP：Direct Digital Color Proofing）。直接打样又分为屏幕软打样和直接输出样张的硬打样。

与机械打样相比，直接打样系统灵活，省时、省料、省工，可随时监测制版过程，及时发现印前处理过程中的问题并采取补救措施，还可供客户修改校样、签样，为制版提供依据，利用数字直接打样还可以进行异地打样。直接打样还不能完全代替印刷打样。

3. 直接印刷技术

数字直接印刷是直接把数字文件/页面(Digital File/Page)转换成印刷品的过程,即直接印刷最终影像的形成过程也一定是数字式的,不需要任何中介的模拟过程或载体的介入,也称为数字印刷。数字直接印刷是一种无版或无固定版式的印刷方式,因而可实现可变信息的复制,也就是说在传统印刷的五大要素(原稿、印版、印刷机械、油墨、承印物)中,印版并不是数字印刷所必须的。但是,数字直接印刷仍属于印刷的范畴,这是因为无论从输出速度来看,还是从印刷质量来看,数字印刷品与传统的印刷品可以完全没有任何差异。所以直接印刷的印刷信息是100%的可变信息,即相邻输出的两张印刷品可以完全不一样,可以有不同的版式、不同的内容、不同的尺寸,甚至可以选择不同材质的承印物,如果是出版物的话,装订方式也可以不一样。

虽然数字直接印刷系统的基本构成与传统印刷是基本一样的,如图 1-3 所示,但是数字印刷是建立在全数字化生产流程基础上的一种全新的印刷方式,它与传统印刷存在较大差异。

图 1-3 直接印刷工艺

## 1.2 数字印刷的定义及特点

数字印刷是与传统模拟印刷在概念上迥然不同的现代印刷技术,它不用胶片,不经过分色制版,省略了拼版、修版、装版、定位、调墨、润版等工艺过程,不存在水墨平衡问题,从而大大简化了印刷工艺,实现短版、快速、实用、精美而经济的印刷工艺。

### 1.2.1 数字印刷的定义

如上所述,数字印刷是利用某种技术或工艺手段将数字化的图文信息直接记录在承印介质(纸张、塑料等)上,即将由电脑制作好的数字页面信息经过 RIP 处理、激光成像，取消分色、拼版、制版、试车等步骤，直接将数字页面转换成印刷品，而不需经过包括印版在内的任何中介媒介的信息传递。也就是说数字印刷是使用数据文件控制相应设备，将呈色剂/色料（如油墨）直接转移到承印物上的复制过程。数字印刷从输入到输出，整个过程可以由一个人控制。

因此，可将数字印刷定义为：由数字信息生成逐印张可变的图文影像，借助成像装置，直接在承印物上成像或在非脱机影像载体上成像，并将呈色及辅助物质间接传递至承印物而形成印刷品，且满足工业化生产要求的印刷方法。

### 1.2.2　数字印刷的特点

数字印刷是一个全数字生产流程，它将印前、印刷和印后整合成为一个整体，由计算机集中操作、控制和管理。数字印刷具有如下两个基本属性。

1. 承印物/非脱机载体的图文直接成像性

由数字信息形成与传递呈色剂相关的图文影像，借助成像装置，在机内影像载体或承印物上直接形成影像，而无须脱机制作图文影像信息恒定的印版实体。

2. 图文影像信息逐印张可变性

在印刷过程中，各印张的图文信息可以改变而各不相同。这一属性与前述非脱机载体直接成像特性联系，形成"按需印刷"、"可变信息印刷"的特点。

从工艺技术的角度看，数字印刷具有如下特点。

1. 全数字化

数字印刷是一个完全数字化的生产流程，数字流程贯穿了整个生产过程，从信息的输入到印刷，甚至装订输出，都是数字流的信息处理、传递、控制过程。

2. 印前、印刷和印后一体化

数字印刷把印前、印刷和印后融为一个整体。从系统控制的角度来看，它是一个无缝的全数字系统，系统的入口（信息的输入）是数字信息,系统的出口(信息的输出)就已经成为如书、杂志、卡片、商标、宣传品、包装物等所需要形态的产品。数字信息的来源渠道很多,可以是网络传输的数字文件或图像,也可以是印前系统传输的信息,还可以是其他数字媒体,如光盘、磁盘、硬盘等携带的数字信息,并通过网络和数字媒体传递信息,它是一个完整的印刷生产系统,由控制中心、数字印刷机、装订及裁切部分组成,所有操作和功能都可根据需要进行预先设定,然后由系统自动完成。数字印刷的产品种类也是多样化的,既可以是商业印刷品,也可以是出版物、商标、卡片,甚至包装印刷品(个性化包装印刷),覆盖了相当广泛的专业领域。

## 3. 灵活性高

由于数字印刷机中的印版或感光鼓可以实时生成影像,文件即使在印刷前修改,也不会造成损失。在数据库技术的支持下,电子印版或感光鼓可以在每次印刷之前,生成不同的影像,即改变每一页的图像或文字,使每一页的印刷内容都不同,从而实现了用户自定义图文数据的复制,即可变数据印刷(Variable Data Printing)。因为数字印刷实际是一种无固定印版的印刷方式,这种信息变化的灵活性解决了现代个性化印刷的需要。

## 4. 印刷周期短

数字印刷将印前图文处理的页面信息直接记录在承印介质上,而且只要事先设定好各种参数,系统可自动完成生产过程,中间省去了制版等许多复杂的环节,其生产周期比传统印刷大大缩短。

## 5. 可实现短版印刷

数字印刷免除了传统印刷中工作量非常大的并需较高费用的印刷前准备工作,如上版、水墨平衡等,使印数较少的短版印刷的价格趋于合理,甚至可以只印刷一份,包括黑白和彩色印刷品。虽然就印刷单张的费用而言,数字印刷较传统印刷要高,但是由于与传统印刷前的制版费用是一样的,所以同样的短版业务如用传统印刷方式来做的话,费用将会更高。

## 6. 可实现按需生产

现代社会的特点是新技术不断出现,人们对信息的时效性要求越来越高,这导致信息更新速度加快,相应印刷品的生命周期缩短。印刷服务商可根据最终用户对实际产品的数量和生产周期的要求,进行的出版物和商业印刷产品的生产及分发,这种生产形式称为按需印刷(Print on-Demand,简称POD)。数字印刷可以实现100％可变数据印刷,且不需制版,生产周期短,因此具备按需生产的能力,可以根据具体要求,生产制作顾客需要的信息产品。

总之,数字印刷是一项综合性很强的技术,涵盖了印刷、电子、电脑、网络、通信等多个技术领域,实现了"先分发、后印刷"的概念。通信技术的发展,使电子文件的传送易如反掌,各种印刷品的电子稿件可以传向世界各地的服务站,并在当地制版或印刷,解决了传统的"先印刷、后分发"带来的各种问题。

### 1.2.3　数字印刷方式的分类

支撑数字印刷的技术包括硬件、软件和材料三大部分,而其中最关键的是要借助某种技术手段,将呈色剂传递到承印物上,形成所需图文影像,即数字成像技术。现有的数字印刷成像技术有:静电照相成像技术、喷墨成像技术、离子成像技术、磁成像技术、热升华及转移成像技术、色粉喷射成像技术、电凝聚成像技术等。因此相应地根据数字成像方式的不同,数字印刷可分为不同类型,如图1-4所示。

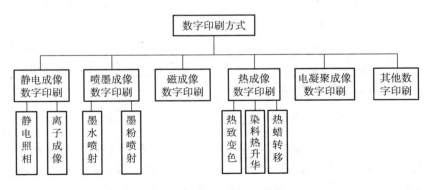

**图 1-4　数字印刷方式**

## 1.3 数字印刷技术的发展及应用

### 1.3.1 数字印刷技术的发展

数字印刷技术出现于 20 世纪 90 年代。1993 年，以色列 Indigo 公司和比利时 Xeikon 公司分别推出 E-print1000 和 DCP-1 彩色数字印刷机，成为数字印刷技术诞生的标志。此后，数字印刷在全世界掀起了热潮。Agfa、Barco、IBM、Xerox、Canon、Scitex、Heidelberg、MAN Roland 等公司陆续开发并推出了各种类型的数字印刷系统。自 1995 年起的几届 Drupa 博览会上，数字印刷一直是受关注的亮点之一。

2000 年的 Drupa 展会上展出了种类众多的数字印刷系统，成为这项技术诞生后蓬勃发展的见证。静电、喷墨、离子、磁成像等技术纷纷应用于数字印刷。

2004 年的 Drupa 展会上，数字印刷流程系统成为亮点，激光静电型数字印刷机的印品所达到的品质与传统胶印接近。

2008 年，喷墨数字印刷技术在印刷速度、幅面、品质等方面都展现出十分可观的潜力，具有广阔的发展前景。数字印刷技术在增值印刷、直邮印刷、绿色包装印刷、印刷工作流程、网络印刷等领域开始发挥至关重要的作用。

在多年的发展中，与数字印刷相关的系统和产品不断涌现，数字印刷工作流程系统应运而生，与数字印刷设备配套的印后加工及其他相关设备也日趋多样和完善。

### 1.3.2 数字印刷技术的应用

数字印刷技术的发展将会给整个印刷工业带来永久性的变化。传统印刷是针对大众需求的一种生产方式，靠高质量和低价格取胜，它的价格优势靠增大印刷数量来实现，即随着印数的增加，单页的成本不断降低，根本原因是采用了印版，所有的制版费用最终都要折算到每一张印刷品中。而数字印刷是针对个性化需求的一种生产方式，靠速度、多样性和满足不同需求取胜。数字印刷不需要制版，不存在制版成本分担的问题，因此，印刷一张、十张、一百张和一万张都不会影响单页成本。从经济成本的角度来看，数字印刷一般定位在从一张到数百张、数千张范畴的短版印刷市场。另一方面，随着技术的不断完善和新成像体系的出现，数字印刷的单页成本也在不断降低，即其成本优势也在向更多印数的方向推移。所以在相当长时间内，随着印刷业的持续发展，快速增长的将是数字印刷，而传统印刷将会减少。

虽然目前数字印刷在整个印刷市场占的比例还不大，但数字印刷的产值却增长很快。数字印刷的发展不仅是一个设备的更换，其核心是先进设备、技术和市场的融合，是如何重新构建数字时代的新印刷媒体的理念和市场，是如何用有限的技术向用户提供无限的优质、快捷和廉价的服务。

彩色数字印刷可以应用于任何四色印刷场合，其快速、高效、灵活的特点，使其具有广泛的应用领域。目前，数字印刷主要适合于以个性化印刷、可变信息印刷、即时印刷为特点的"按需印刷"。

信息的按需化服务是当今信息产业发展的一个趋势。作为提供图文信息产品服务的行业，印刷、出版以及包装等行业也是当今信息产业非常重要的一个组成部分，当然也在向按需化和个性化服务方向发展。按需印刷（On-demand Printing）和按需出版（On-demand Publishing）就是这种发展的典型产物。随着社会商业活动的日益增多，人们生活水平及消费水平的提高，个性化印刷成为人们的一种必需。不断变化的客户需求导致按需印刷的增长，印品的印数越来越少，人们不仅希望能随时随地按需要的数量来印刷，而且希望交活期越短越好，价格更便宜。数字印刷的应用正好能满足这种需求。

数字印刷不仅在短版彩色印刷领域扮演着重要的角色，它还有一个非常重要的特征就是能实现个性化印刷。个性化印刷是指在印刷过程中，所印刷的图像或文字可以按预先设定好的内容及格式不断变化，从而使第一张到最后一张印刷品都具有不同的图像或文字，每张印刷品都可以针对其特定的发放对象而设计并印刷。目前，个性化印刷在国外按需印刷领域增长最快,一方面是因为生产商已开始有意识地针对自己的目标客户开发目标市场;另一方面,也由于印刷品的最终用户越来越强调自己的个性,对印品质量的要求日益提高,从而促进了个性化印刷的推广应用。

个性化印刷在商业领域的应用非常广泛,国外工业发达国家的商业活动繁多,人们的生活水平及消费水平不断提高,因而个性化印刷的应用范围也极为广泛,印品品种繁多,如公司年度报告、CI 设计手册、产品促销宣传单、饭店的菜单、桌卡、交通车证、通行证、防盗车牌、贺卡、胸牌、请柬、直邮广告单等,就连一些商品的包装也纷纷贴上个性化的标签,这些印品少则只印一份,多的也就是几十份、几百份。在国内,个性化印刷也开始进入寻常百姓家,当今社会人们展示自我、表现个性、标新立异的欲望越来越强烈,印制个人明信片、相册、纪念册等个性化的印刷业务正在国内快速增长。

数字印刷以其独特的优势而使其在按需印刷市场发挥着特殊的作用,尤其是在当前互联网覆盖面不断扩大的情况下,数字印刷技术与网络技术相结合,网络印刷将会得到飞速发展,所以数字印刷所形成的按需印刷市场将成为印刷业中一个耀眼的亮点。

# 数字印刷成像技术及原理

数字印刷采用了与传统印刷截然不同的图文转移方式,而其关键是不同的成像方式。数字印刷可以采用多种成像方式,不同的成像方式所采用的成像原理是不一样的。本章主要介绍现在市场上常见的几种数字印刷成像方式的原理,包括喷墨印刷、静电印刷、电凝聚成像印刷、热成像印刷、电子束成像印刷等。

## 2.1 概 述

数字印刷是近十年计算机与网络技术、数字成像技术和材料技术发展的成果。数字印刷的革命性变革,从技术上讲是突破了传统印刷技术的有版、有压印刷概念,采用了各种成像技术使产品不断接近传统印刷的质量和成本。从原理上讲,数字印刷分为两大类,即在机直接成像数字印刷和可变图文数据数字印刷。

在机成像(Direct Imaging,DI)印刷机实质上是胶印机,集成了印版成像系统,制好的印版可用于印刷大量的同一内容的印品,这一点和传统胶印一样。可变图文数据数字印刷则是在每次印刷输出之前重新成像或直接在承印材料上成像,因此可以印刷出每张印品内容都不相同的印刷品来,这才是真正意义上的数字印刷。

作为数字印刷关键的核心技术,数字成像技术是不可或缺的。各种类型的数字成像技术的共同目标是:借助某种技术手段,将呈色剂传递到承印物上,形成所需图文影像。现有的数字印刷成像技术有:静电照相成像技术、喷墨成像技术、磁成像技术、热升华及转移成像技术、色粉喷射成像技术、电凝聚成像技术等,如图 2-1 所示。

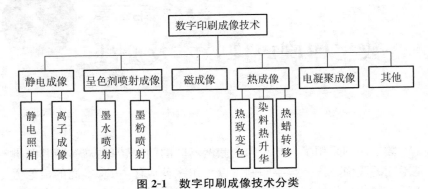

**图 2-1　数字印刷成像技术分类**

　　静电成像或静电复印技术是应用最广泛的数字印刷技术,也是大多数复印机和激光打印机的基础,是较成熟的彩色印刷技术。它是利用光线照射在光导体表面改变其静电分布,带有电荷的图文部分随后吸引墨粉,并把它转移到纸或其他承印物上,然后利用某些手段使墨粉固化,形成最终的图文。

　　喷墨印刷技术以比较简单的形式存在了许多年。随着计算机的性能和通用性的提高,该技术已从打印或标记简单的字母和数字符号发展到全彩色、高质量印刷。喷墨印刷头早期主要应用于传真机、高质量数字打样系统、办公打印机及家用打印机。到现在,它已大量应用于工业印刷中。因为喷墨印刷整个过程中油墨喷头和印刷面无接触,没有撞击力,因此可以在任何形状或质地的承印物上进行印刷。它不是先生成图文,然后再将图文转印到承印物上,而是直接在承印物上创建图文。喷墨成像可获得灰度级为有限的多值图像,而且成像速度非常高,但是,大多数喷墨成像都采用水基油墨,而且呈色剂以染料为主,最终影像的形成取决于油墨与承印物的相互作用,因此,喷墨成像系统一般需要使用专用的承印物,以便实现油墨与承印物在性能上的最佳匹配。采用颜料在普通纸成像一直是喷墨系统面临的一个技术挑战,同时,也是其发展的一个方向。

　　磁成像数字印刷技术使用的图文鼓上有一层坚硬的磁涂层,类似于录音带上的铁铬氧化物,该磁涂层具有大量的微小磁域,它们在记录头所形成的磁场作用下形成图文,磁记录头的作用是将磁涂层中需形成图文部分的磁体磁化,相当于静电成像印刷中激光或 LED 的作用,或电子束成像印刷中离子器的作用。通过磁记录头对磁性颜料微粒的曝光,形成磁化的微粒图文,然后转移并固化到承印材料上。

热成像技术是利用热效应,以材料加热后物理特性的改变为基础来呈现出图文信息,并采用特殊类型的油墨载体(如色带或色膜)转移图文信息。热成像技术大体上划分为直接热成像技术和转移热成像技术两大类。在直接热成像技术中,承印材料进行了特殊的涂层处理,当向这种承印物施加热量时,其颜色就会发生变化,如热致变色反应,实现图像的记录。转移热成像则是先将油墨提供给供体,再通过热转移到承印物上。

电凝聚印刷技术是基于电凝现象,打印头将图文电荷转移到金属鼓表面,水基液体油墨中的颜料凝结或沉淀其上,发生电化学反应,形成图文,多余的油墨被清除;留下的图文则被转移到承印物上。电凝聚成像是一种全新的成像方式,具有非常高的成像速度,这种成像方法采用电化学凝聚原理,使一种水性的反应油墨从液体状态转换成固体状态,从而实现影像记录。就印刷效果而言,电凝聚印刷技术更类似于凹印而不是胶印。

电子束成像印刷的过程类似于静电成像印刷。主要不同之处在于:静电成像印刷是先对光敏鼓充电,然后对其进行曝光生成潜伏影像;而电子束成像印刷的静电图文是由受计算机输出的所需印刷的图文信号控制的离子束或电子束直接形成的。电子束成像印刷的静电图文鼓使用更坚固、更耐用的绝缘材料制成,以便接收电子束的电荷。

## 2.2 喷墨成像技术

喷墨成像技术是将油墨以一定的速度从微细的喷嘴(一般直径在 $30\sim50\mu m$)有选择性地喷射到承印物上,最后通过油墨与承印物的相互作用,使油墨在承印物上形成稳定的影像的技术。

喷墨成像技术是采用一种计算机直接输出成像技术,首先将由计算机产生的彩色图文信息或来自印前输入设备的彩色图文信息传递到喷墨设备,再通过特殊的装置,在计算机的控制下,计算出相应通道墨量,喷墨成像装置控制细微墨滴以一定速度由喷嘴喷射到承印物表面,而形成影像,最后通过油墨与承印物的相互作用,使油墨在承印物上再现出稳定的图文信息。简而言之,就是将油墨以一定的速度从微细的喷嘴射到承印物上,然后通过油墨与承印物之间的相互作用实现油墨影像的再现。

为使油墨具有足够快的干燥速度,并使印刷品具有足够高的印刷密度和分辨率,一般要求油墨中的溶剂能够快速渗透进承印物,而油墨中的呈色剂(一般多为染料)应能够尽可能固着在承印物的表面。因此,所使用的油墨必须与承印物匹配,以保证良好的印刷质量,所以一般的喷墨印刷系统都必须使用专用配套的油墨和承印材料(纸张)。

从原理上讲,喷墨成像属于高速成像体系,根据喷射方式的不同,墨滴的产生速度可以在每秒数千滴到数十万滴的范围内变化。但是喷墨成像的高速性还取决于具体的喷墨体系,采用线阵列多嘴喷头的体系具有非常高的成像速度,也是数字印刷系统通常采用的方法;采用独立喷头往返运动的成像方式速度就比较低,但容易实现大幅面成像,是大幅面彩色喷绘(包括彩色数字打样)通常采用的方式。

喷墨成像是通过控制细微墨滴的沉积,在承印材料上产生需要的颜色与密度,最终形成印刷品的一种复制技术。它有多种喷墨方式,总体上分为连续式喷墨复制和随机式喷墨(又称为即时喷墨或按需喷墨)两大类,这两种喷墨方式在原理上有很大的差别,且又可分为不同类型,如图 2-2 所示。

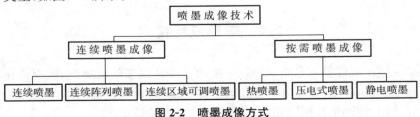

**图 2-2　喷墨成像方式**

### 2.2.1 连续喷墨成像

所谓连续喷墨成像是指喷墨成像系统在成像过程中,其喷嘴连续不断地喷射出墨滴,再采用一定的技术方法将连续喷射的墨滴进行"分流",使对应图文部分的墨滴直接喷射到承印物上,形成图像,而对应非图文部分的墨滴则被偏转喷射方向,被喷射到回收槽中转移回收。

首先原稿信息由信号输入装置输入到喷墨印刷主机部分的系统控制器,然后由它控制喷墨控制器和承印物的驱动装置,其中喷墨控制器的作用是使连续的墨水粒子化,形成单个墨滴。喷墨过程是通过高频振荡对油墨施加压力,使油墨从墨滴发生器的喷嘴中喷射出形成连续的微滴流。在喷嘴处设有一个与图形光电转换信号同步变化的充电电极,喷出的墨滴被引导进入充电电极之间形成细小的墨滴,在电场中有选择性的带电,当墨滴通过偏转电场时,带电墨滴在偏转电场的作用下发生偏转,不带电的墨滴继续保持直线飞行。最后直线飞行即没有发生偏转的墨滴没有达到承印物而被墨滴回收器回收最终被送回墨滴发生器重复使用,偏转的墨滴喷射到承印物上而完成印刷。

连续喷墨成像的喷墨方式又分为连续喷墨、连续阵列喷墨和连续区域可调喷墨等。

1. 连续喷墨方式

在连续喷墨方式中,液体油墨在压力作用下通过一个小圆形喷嘴,依靠高频而产生连续性的墨流,再被分离为单个墨滴,并带上静电,然后在图像信息的控制下,墨滴被喷射到承印物上或被转移回收。如图 2-3 所示,原稿信息首先由信号输入装置输入到喷墨成像主机部分的系统控制器,然后由它来分别控制喷墨控制器和承印物的驱动装置。喷墨控制器首先使连续喷射的墨水射流粒子化,形成单个墨滴,接着墨滴经过设在喷嘴前部位置的、并可根据图文信号变化的充电电极时感应上静电并使之带电,这时带电的墨滴通过一个与墨滴运动方向垂直的偏转电极,在偏转电极的作用下向上偏转,越过墨滴拦截器,

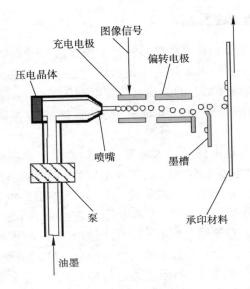

图 2-3 连续喷墨方式

以高速喷射冲击在承印物表面上,形成图像和文字。而未带电或带电少的墨滴不受偏转电机的影响,直接穿过电机而被拦截器拦住,进入墨水槽的循环系统,以便循环使用。为了进行正确的信息记录,需利用振荡器激励射流形成墨滴,并对墨滴的尺寸大小和间距进行控制。此外,还要对带有电荷的墨滴进行偏转控制,确保墨滴(受偏转电极电位控制的墨滴)到达需要打印的位置。

2. 连续阵列喷墨方式

在连续阵列喷墨方式中,喷头有许多个喷嘴按阵列方式排列组成,每个喷嘴均可以喷射出连续的墨水液流,而墨流中的每一墨滴又能独立受到控制,所以实际由两个电子喷头组合完成喷墨印刷,一个喷头是用来喷射细小墨滴的单列小孔,另一个喷头是用于控制喷射液流的充电装置。如在金属板上刻蚀一单列小孔,单列小孔在水平方向的分布密度决定了喷墨印刷系统的分辨率,墨水腔中的油墨通过压电晶体的谐振器分裂成为一串单个的细小墨滴,每个喷嘴中都可以喷射连续的墨流,墨流中的每一墨滴又能受到充电装置的独立控制,并且墨滴的大小和间距都是均一的,分辨率可达 300dpi,每点有 8 个灰度级。压电晶体的振荡频率决定着墨滴形成的精确速率(在频率为 100kHz 时,每一个喷头每秒生成约 100000 个墨滴)。

3. 连续区域可调喷墨方式

连续区域可调喷墨方式是连续喷墨方式的变形形式,它采用区域可调的喷墨方式,即将不同的墨滴束对准同一个打印点,从而产生类似凹印网目调的复制效果。由于这种喷墨方式采用了区域可调的喷墨技术,所以成像效果好,适用于高质量的彩色图像输出成像,但速度较慢。

### 2.2.2　按需喷墨成像

按需喷墨成像也称为间歇式喷墨成像或随机喷墨成像,它是一种根据图文信号使墨滴从喷嘴中喷出并立即附着在承印材料上的方法,即喷嘴供给的墨滴只有在需要打印时才喷出,也就是仅在图文部分喷出墨滴,而在空白部分则没有墨滴附着。这种喷墨方式无须对墨滴进行充电处理,所以也就无须充电电极和偏转电场。间歇式喷墨比连续式喷墨的空间分辨率高,但速度更慢。

按需喷墨成像有热喷墨、压电式喷墨、静电喷墨等方式。

1. 间歇式热喷墨方式

在间歇式热喷墨系统中,打印头的墨水腔的一侧为加热板,另一侧为喷孔,如图 2-4 所示。印刷时,加热板在图文信号控制的电流作用下迅速升温至高于油墨的沸点,与加热板直接接触的油墨汽化后形成气泡,气泡充满墨水腔进而使油墨从喷孔喷出,到达承印物,形成图文。一旦油墨喷射出去,加热板冷却,而墨水腔依靠毛细作用由储墨器重新注满。

2. 间歇式压电喷墨方式

间歇式压电喷墨印刷方式是采用压电晶体的振动来产生墨滴。压电晶体把压力脉冲施加在油墨上,当压电产生脉冲时,压电晶体发生变形而形成喷墨的压力,喷墨管在压力作用下挤出油墨而形成墨滴,并高速向前飞去,这些墨滴不带电荷,不需要偏转控制,而是任其射到承印物上而形成图像。如图 2-5 所示，在墨水腔的一侧装有压电晶体，印刷时，墨腔内的压电板在图文信号控制的电流作用下产生变形，表面凸起呈月牙形，并凸向墨水腔，从而挤压墨滴从喷嘴中喷出，然后压电晶体恢复原状，墨水腔中重新注满墨水。

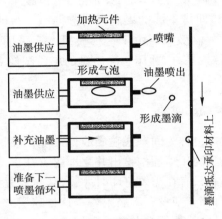

图 2-4　间歇式热喷墨方式

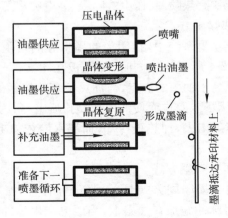

图 2-5　间歇式压电喷墨方式

3. 间歇式静电喷墨方式

静电喷墨方式的实现是通过图像信号控制的喷墨系统和承印物之间的电场改变喷嘴表面张力的平衡,在静电场吸引力的作用下,使墨滴从喷嘴中喷射出去,到达承印物表面形成图文,如图 2-6 所示。

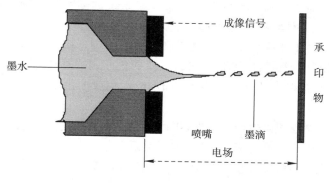

图 2-6 静电喷墨方式

### 2.2.3 喷墨印刷的特点及应用

1. 喷墨印刷的特点

喷墨印刷是通过喷嘴将墨滴喷射到承印物上而形成图文,它与其他印刷方式相比,有很大区别,其主要特点如下。

(1) 喷墨印刷是一种非接触印刷方式。在喷墨印刷过程中,喷头与承印物相隔一定距离,墨滴在一定的控制作用下直接飞到承印物表面,因此其机器结构简单,体积小、重量轻、速度高、噪声小,使用寿命长且不易损坏印品。

(2) 喷墨印刷对承印物的形状和材料无要求。因为喷墨印刷没有印版,且为非接触印刷方式,所以喷墨印刷可以在任何形状的物品上进行印刷,所用的材料除了纸张、丝绸、锡箔、金属外,还可在陶瓷、玻璃等易碎物体乃至蛋黄、豆腐上印刷,这是其他印刷方式所不能比拟的。

（3）喷墨印刷生产周期短。它不使用印版，所要印刷的文字或图形由各种输入设备一次性送入印刷机的主储存器，因此不需要输出胶片、拷贝、拼版、晒版等印刷前工序，可以大大缩短印刷周期。

（4）喷墨印刷实现智能化操作。喷墨印刷系统由微电脑管理，利用电脑实现智能化全自动作业是完全可能的，因此其操作简单方便。

（5）喷墨印刷分辨率高。喷墨印刷系统的喷嘴可喷射出微细的墨滴，形成高分辨率的图文。

（6）喷墨印刷可实现多色印刷。喷墨印刷系统中允许使用各种彩色油墨进行彩色印刷，甚至可在传统四色印刷的基础上再加上 30% 的青、30% 的品红或 30% 的黑色，而形成六色或七色印刷，从而提高产品质量。

（7）喷墨印刷生产成本低，生产幅面大。其运行成本同其他数字印刷技术相比要低得多，而且可进行大幅面印刷。

（8）印刷质量优良。喷墨印刷的高分辨率和彩色印刷可带来较好的印刷质量。

2. 喷墨印刷技术的应用

喷墨印刷技术因其技术成熟，成本低，而被广泛地应用于印刷各领域。

（1）彩票印刷。喷墨印刷的油墨能透入纸张纤维的特点使它成为彩票市场的理想打印系统。这个天然的特点能防止作假，防止涂改票上的获奖信息，因此，现实中绝大部分彩票是用喷墨打印机打印的。

（2）商业表格印刷。喷墨印刷的无压印刷特性使得它能在各种各样的不同厚度的纸张上印刷，这种性质对商业表格印刷厂特别理想。因此商业表格印刷厂把喷墨打印机同印刷机结合起来，实现可变信息印刷，如条码和编号的印刷。

（3）数据中心。利用喷墨印刷能高速彩色打印完整的收费明细表，如现在电信部门都利用喷墨打印机打印电讯资费明细报表等。

（4）直接邮件。直接邮件在美国和欧洲一直是一个很大的市场，在那里营销是个性化的。因此，喷墨打印机就被用来打印个性化的色彩鲜艳的促销小册子，而且印刷费用很低。

（5）商标印刷。当印刷批量很大时，喷墨打印机就会替代昂贵的印刷方式，如热转移印刷，来打印可变信息的商标，能节省大量的消耗材料。

（6）包装印刷。在一些国家，包装上常常印上可变的条码信息以方便分发作业，这些可变的条码信息可利用喷墨印刷方式印刷完成。

（7）防伪印刷。为了防伪，在商品上印上条码和核查电话，喷墨印刷能有效地把这些可变信息打印到各种各样的包装材料上。

## 2.3 静电成像技术

静电成像技术最初用于静电复印，它是基于卡尔森（Carlson）和柯尔纳（Kornei）在 1938 年的发明，由光导和静电效应极好地结合而成的。首先在与一导电物质结合的光导绝缘层的表面形成静电影像，再通过色料转移形成印刷图像。目前应用于印刷领域的静电成像技术，其静电影像一般是由光导体表面的静电荷组成。

### 2.3.1 静电成像基本原理

静电成像是利用某些光导材料在黑暗中为绝缘体、在光照条件下电阻值下降（如硒半导体，阻值可相差 1000 倍以上）的特性来成像。把这种材料涂敷到一个圆筒形的鼓形零件上，形成感光鼓，它通常放置在暗盒中。在成像时，首先将这个感光鼓在黑暗中充电，使其均匀地带上电荷；再通过激光扫描的方式将要求产生的图像投影到旋转的感光鼓表面的光导体上，光导体被光照部分电阻下降，电荷通过光导体流失，而未照光部分仍然保留着充电电荷。这样，就在感光鼓表面上留下了与原图像相同的带电影像，即所谓"静电潜像"，将带有静电潜像的感光鼓接触带电的油墨或墨粉（带电符号与静电潜影正好相反），通过带电色粉与静电潜影之间的库仑力作用实现潜影的可视化（显影），即感光鼓上被曝光的部分吸附墨粉，形成图像，再将色粉影像转移到承印物上。最后对转移到承印物上的墨粉加热、定影，使墨粉中的树脂熔化,牢牢地黏结在纸面上,就可得到一张印有原图像的印刷品,也就完成了静电印刷过程,如图 2-7 所示。

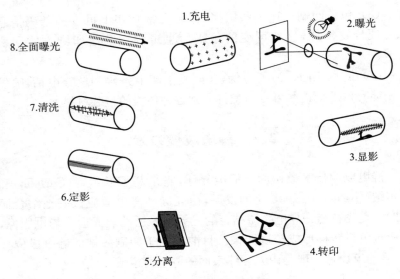

**图 2-7 静电照相过程**

　　在静电成像过程中,感光鼓起着关键的作用。感光鼓是用铝合金制成的一个圆筒,鼓面上涂有一层感光材料,一般为硒碲砷合金。感光鼓在旋转过程中先被充电而获得一定的电位,接着转到曝光处,载有信息的激光束经校正并经多面转镜和聚焦镜匀速地扫到感光鼓上,这个过程就是曝光。在被曝光的地方,电阻下降很多,电位几乎全部消失,而其他部位的电荷仍然保持,从而形成静电潜像。当感光鼓转到显影部位时,带有异性电荷的墨粉使感光鼓上的静电潜像变成可见的墨粉影像,在转印电晕电场的作用下,墨粉影像被转印到纸张上,再经定影辊加热,墨粉中的树脂被溶化使墨粉粘在纸上,形成要求打印的字符和图像。印刷完成后,感光鼓还需消电、清扫,为输出下一页做准备。

### 2.3.2　静电成像印刷过程

　　静电成像印刷系统使用的成像和印刷设备类似于静电复印机。它们是使用涂有光导体的滚筒式感光鼓,经电晕电荷充电,然后激光扫描曝光,受光部分的电荷就消失,而未受光部分通过带有与感光鼓上电荷极性相反的色粉或液体色剂附着其上,构成图文部分,再转移到承印物上,最后通过加热、溶剂挥发或其他固化方法使墨粉固化,形成印刷品。因此静电成像过程可分为充电、曝光、显影、转印等几个步骤,如图 2-8 所示。

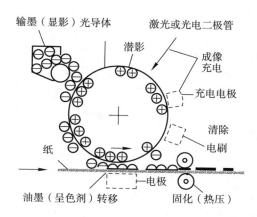

**图 2-8　静电印刷基本过程**

　1. 充电

　　利用电晕放电装置使感光鼓光敏层表面均匀地带上一层静电荷,这一过程叫充电或敏化。所充电荷极性一般取决于光敏导体的类型,一般"P"型光敏层充正电,"N"型光敏层充负电。

　2. 曝光

　　曝光即在充电的光导鼓表面成像,用激光或半导体发光二极管阵列对光敏层进行扫描曝光,曝光处的电荷随光的强弱不同而消失或不同程度的保留,即在光导鼓表面形成了"电荷图像",也就是潜像。随着曝光方式的不同,所形成的潜像的性质也不一样:采用激光曝光,所形成的潜像为二值图像，即光导鼓上的静电荷要么保留，要么完全消失；采用半导体发光二极管曝光，可形成多值图像，如 Xeikon 数字印刷机采用半导体发光二极管 LED 阵列曝光，由 7400 个发光二极管集合成阵列，其密度为 600 个/英寸，与 600dpi 的空间分辨率相对应，在每个二极管内可进行连续的和控制性的发光，因此该成像系统可得到变化的网点强度，通过在其上吸附不同的色剂量产生具有 64 级变化的网点。而 Indigo 数字印刷机采用激光扫描，以 800dpi 的分辨率在光敏层上成像，激光成像是严格的二元方法，无法像 LED 阵列那样改变光的强弱，因此光敏层上只存在未曝光处静电荷存在，而曝光处静电荷消失两种情况。

3. 显影

显影即用带相反电荷的呈色剂吸附在潜像上，把潜像变成可见影像的过程，也就是输墨。静电成像印刷使用的油墨与传统油墨不同，它可以是固体粉末也可以是液体呈色剂，但它必须带有与潜像相反的电荷特性，这样在电场力的作用下，光导鼓表面的潜像区域才能吸附油墨（或呈色剂）形成可见图像。

显影方式有干式、湿式两种方法，干式显影是采用显影粉剂显影，而湿式显影是采用液体显影剂显影。如 Xeikon 采用干性色粉作呈色剂，用磁刷显影方法，这种方法制作简单，但产品分辨率一般只能达到 150lpi 左右，难以再提高。爱克发公司将色粉处理得相当精细，才会获得非常精细的印刷效果。Indigo 数字印刷机采用液态的电子油墨作为呈色剂，用喷雾显影法，由喷墨系统喷出雾状色剂，该带电色剂被潜像异性电荷吸引，采用这种呈色剂和显影方式，印品的分辨率可达到 250lpi，但是湿法显影控制难度相对较大。

4. 转印

转印即将光导鼓表面吸附的油墨转移到承印物上，转移时通过电晕放电，主要依靠电极对带电油墨的电场力作用，当然也有压力作用的帮助，使油墨转移。光导鼓表面的油墨（或呈色剂）可以直接转移到承印物上，也可以通过中间载体转移，但大多数采用直接转移方式。

5. 固化

转移到承印物上的油墨(或呈色剂)还需要进一步固化,使其牢牢黏附在承印物上。固化主要通过加热和压力作用完成。

6. 清除

转印后,光导鼓表面的油墨(或呈色剂)并没有完全都转移到承印物上,还有一部分残留在导鼓表面。为了进行下一印张的印刷,需要对光导鼓表面的油墨(或呈色剂)进行机械清除。同时,还要进行电子清除和处理,使光导鼓表面恢复到中性状态,以便下一印刷循环过程的进行。

### 2.3.3　静电印刷的特点及应用

由上所述,静电成像的基本原理是用激光扫描的方法在光导体上形成静电潜影,再利用带电色粉(带电符号与静电潜影正好相反)与静电潜影之间的库仑作用力实现潜影的可视化(显影),最后将色粉影像转移到承印物上,即可完成印刷。因此,这种方法具有以下几个方面的特点。

(1) 静电数字印刷是典型的无版无压印刷方式,它在成像印刷过程中,既不需要印版成像,也不要通过压力转移油墨图文。

(2) 静电数字印刷可以在普通纸上成像,而且呈色剂采用颜料,它与传统的胶印油墨非常相似,既可以实现黑白印刷,也可以实现彩色印刷。

(3) 静电数字印刷可以实现多值阶调再现,通过调节半导体二极管的发光强度,可输出不同网点强度,而得到多值图像(但范围有限)。

(4) 静电数字印刷的印刷质量较好,其综合质量可达到中档胶印水平。

(5) 静电数字印刷的印刷速度较快,其印刷速度可达到每分钟数十张至数百张。

(6) 静电数字印刷的印刷成本较高,与其他成像系统比较,静电印刷的价格偏高。静电照相成像体系的价格在很大程度上取决于色粉的价格,而色粉价格偏高。

静电数字印刷是目前应用最广泛的数字印刷方式之一,如 Indigo、Xeikon 等主流数字印刷系统都采用静电成像方式,这类数字印刷系统广泛地用于黑白出版物、彩色个性化产品、按需产品等多方面的印刷。

## 2.4 电凝聚成像技术

电凝聚成像是一种新的数字成像技术,它基于电解敏化聚合水溶性油墨的电凝聚,即在阴极阵列和钝化旋转的阳极之间,给导电油墨溶液施加非常短暂的电流脉冲。油墨因金属离子的诱导而发生凝聚,黏附在正极上形成图文区域,而未发生凝聚的油墨可以通过刮板的机械作用而除去,再将剩下的图文区的油墨转移到纸张上。

### 2.4.1 电凝聚成像基本原理

电凝聚成像是以具有导电性的聚合水基油墨的电凝聚为基础,利用油墨在金属离子的诱导下会产生凝聚作用的原理实现的。如图 2-9 所示,通过在成像滚筒电极(阳极)和记录电极(阴极)之间的电化学反应,滚筒上电解生成氯原子,氯把不锈钢滚筒表面的钝化层氧化成非常活跃的三价铁离子,铁离子在滚筒表面释放时,造成油墨中聚合物

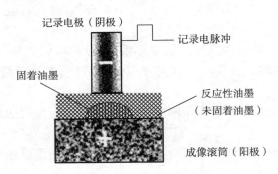

图 2-9　电凝聚成像原理

的交联和凝聚,从而使油墨固着在成像滚筒表面,形成油墨影像(图文区域);没有发生电化学反应(非图文区域)的油墨依然是液体状态,再通过一个刮板的机械作用,将未凝聚的液态油墨去掉。最后,通过压力的作用将固着在成像滚筒上的油墨转移到承印物上,即可完成印刷过程。在成像过程中,系统可以按照一定的时间步长改变记录电脉冲宽度,使电凝聚活动好像快速微型的上墨阀门,不停地以不同的时间间隔打开和关闭,从而在成像滚筒上得到不同面积和厚度的固着油墨,实现像素的多阶调调制。

在电凝聚成像过程中,正极是一个旋转的金属成像滚筒,该滚筒携带油墨。油墨在滚筒上通过电凝聚成像,然后再转印到纸或其他承印物上。印刷记录头由数千个极细的用作负极的金属丝组成,这些金属丝成行排列,并与印刷滚筒垂直。低压电脉冲以 50 毫微秒到 4 微秒的时间间隔通过油墨。脉冲时间的差别可以形成大小和厚度变化极其精确的墨点,从而来生成连续色调的图像。电脉冲通过油墨到达成像滚筒,并在滚筒表面发生微量的电解反应,该反应导致铁离子的释放。这个过程严格按照计算机控制的图像及信号间隔来获取油墨,并使其凝聚在滚筒上。一旦信号中断,微量化学反应立即停止,没有任何拖延。这一过程中,滚筒上图像区域的油墨以凝聚的形式存在,该油墨有些像凝胶,比未凝聚的油墨干些;非图像区域则是未凝聚的油墨,这些未凝聚的油墨被橡胶刮板刮掉,然后通过高压(无热量)把保留下的图像转印到承印物上,并蒸发干燥。

这种技术的关键之处在于由计算机控制的超短电脉冲通过特殊油墨进行传输,并使该油墨凝聚生成三维的大小可变的墨点。这些墨点散播形成连续色调的成像区域。每个墨点都是由极细的金属丝电极(阴极)在正极(或阳极)上引起微量化学反应而独立生成的。

### 2.4.2 电凝聚数字印刷基本工艺

电凝聚数字印刷技术是一种连续色调、完全可变的印刷成像工艺,它完全不同于其他印刷技术,在一定程度上,它与着墨穴大小可变的凹印相似,因为凹印也可印出厚度不同的墨膜,并使用刮墨刀将多余的油墨从印版滚筒上除掉。

如 Elcorsy 公司的 200 型电凝聚印刷技术样机所采用的工艺流程如下：

（1）准备。首先给洁净的成像滚筒涂上极薄的油层，其主要作用是便于把油墨传递到承印物上。

（2）注入油墨。油墨从平行的喷嘴中喷出，给滚筒上墨。滚筒旋转携带油墨，并将其填充到印刷头和成像滚筒之间的缝隙中。

（3）成像。以计算机控制、缓冲存储的数据控制电子脉冲自阴极送出，穿过油墨到达成像滚筒。

（4）凝聚。油墨是导电的，所以它能把印刷头发出的电信号传输给成像滚筒。图像区域的油墨以凝聚的形式驻留在滚筒上，而非图像区域的油墨则是未凝聚的液体形态。

（5）图像的展现。在一个类似刮墨刀的动作中，非图像区域上未凝聚的油墨被除掉，从而在成像滚筒上展现出由已凝聚的墨点表现的图像。刮掉的油墨从侧面的沟槽去除，并返回到注墨容器中。

（6）转印。通过施加高压，凝聚的油墨从成像滚筒转印到承印物上，并采用蒸发方式干燥。

（7）清理。用毛刷、皂液和高压水流清洗成像滚筒，水返回过滤箱后循环使用，当把所有未转印的油墨和准备过程中预涂的油层去除后，印刷循环即告完成。

上述整个过程允许多个步骤同时进行。当第一个图像被转印时，新的图像正在印刷头上被书写出来。写在滚筒上的每个图像都可以与前面的图像完全不同。

电凝聚成像数字印刷具有以下明显的特点。

（1）电凝聚成像数字印刷对承印物没有特殊要求，它与传统的胶印相似，使用颜料，通过电凝聚固着的油墨可以转移到普通的承印物上，所以可以在普通纸上成像。

（2）电凝聚成像数字印刷可实现多阶调再现，由于记录脉冲宽度可调，所以在成像滚筒上形成不同厚度和面积的墨点，且范围很宽。

（3）电凝聚成像数字印刷综合质量可达到中档胶印水平。

（4）电凝聚成像数字印刷速度可达到每分钟数百张。

（5）电凝聚成像数字印刷价格介于喷墨成像与静电照相印刷方式之间。

# 2.5  磁成像技术

磁记录成像利用的是磁带的信息记录原理，即依靠磁性材料的磁子在外磁场的作用下定向排列，形成磁性潜影，然后再利用磁性色粉与磁性潜影之间的磁场力的相互作用，完成潜影的可视化（显影），最后将磁性色粉转移到承印物上即可完成印刷。

## 2.5.1  磁记录成像基本原理

磁记录成像采用涂有铁磁体（铁、钴、镍及其合金等）和耐磨保护层的成像鼓作为成像载体，铁磁体在没有外磁场作用时并不显示磁性，但在外磁场作用下因磁矩作有规则的排列而磁化，但受反向外磁场的作用时又会发生退磁现象。在内核为非磁性的鼓体表面涂上铁镍层和钴镍磷层后，就变成了磁鼓，表现出具有铁磁体的特性。成像过程中，如图 2-10 所示，通过记录脉冲控制记录磁极，即将成像电信号加载到记录磁极的线圈上，磁鼓加一个外磁场，磁鼓表面被磁化，由

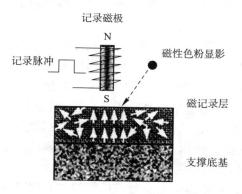

**图 2-10  磁记录成像原理**

于磁场受记录信息的控制,所以磁化部分形成与页面图文对应的磁潜像。磁潜像能吸附有磁性的记录色粉(一般为三氧化二铁),形成可见的磁粉图像。然后再采用一定的方法使吸附到成像鼓上的记录色粉转移到纸张表面,并加热和固化,即完成印刷过程,磁鼓上的磁性潜像可以重复利用,印刷若干相同内容的印刷品。由于成像鼓表面涂覆的不是永久性磁铁物质,因而在转印结束后,可通过加反向磁场予以退磁,使成像鼓表面恢复到初始状态,准备为下一个印刷作业成像。

### 2.5.2 磁记录成像数字印刷基本工艺

磁记录成像数字印刷的工艺过程一般包括成像、呈色剂转移、呈色剂固化、清理和磁潜像擦除等。

(1) 成像。来自系统前端的页面信息被转换为电信号,作为成像信号加到磁成像头的线圈上后,将形成与页面图文内容对应的磁通变化,成像头上的记录磁极利用磁通变化使成像鼓的表面涂层产生不同程度的磁化效应,在成像鼓的记录层(铁磁材料涂层)上产生磁潜像。

(2) 呈色剂转移。磁成像数字印刷系统的显影装置中包括几个旋转磁辊,用于从显影装置的呈色剂容器中取得呈色剂颗粒,呈色剂颗粒被直接传送到成像鼓表面附近,并被成像鼓表面的磁潜像所吸引,而形成呈色剂影像,接下来再利用高压将呈色剂转印到承印材料表面。

(3) 呈色剂固化。呈色剂颗粒转移到纸张表面后,是"浮"在纸张表面的,需要使它们固定下来,即呈色剂的固化。图像的固化利用热辐射和加热固化的方法使呈色剂中的黏结剂熔化实现。加热产生的热量对呈色剂颗粒来说主要是起固化作用,温度的高低要适度,不致引起纸张的脆化;辐射固化提供附加的辐射热,使呈色剂中的黏结剂熔化,同时也起固化作用。因此,磁成像复制系统的呈色剂固化是辐射固化和加热板固化联合作用的结果。

(4) 清理。清理是通过刮刀或抽气的方式将成像滚筒表面未完全转移的呈色剂清除。

（5）磁潜像擦除。磁成像鼓表面的磁潜像是可以重复使用的,但印刷完成后,还需消除成像鼓表面的磁潜像。一般采用磁擦在铁磁体材料的一个磁滞回线周期内,利用产生的交变磁场强度降低磁化强度的峰值,直至恢复铁磁材料的初始状态,获得中性的、非磁性的表面,即成像鼓表面铁磁材料涂层的基本状态,达到这一状态后就为下面的成像创造了基础条件。

### 2.5.3 磁记录成像数字印刷的特点

由于磁性色粉采用的磁性材料主要是颜色较深的三氧化二铁,所以这种成像体系一般只适合制作黑白影像,不容易实现彩色影像。磁记录成像系统主要有以下几方面的特点。

（1）磁记录成像数字印刷可以在普通承印物上成像,采用磁性色粉颜料,一般只能进行黑白印刷。

（2）磁记录成像数字印刷可实现多阶调数印刷,通过改变磁鼓表面的磁化强度,可印刷不同深浅的阶调(但变化范围较窄)。

（3）磁记录成像数字印刷的质量较差,其综合质量只相当于低档胶印的水平,适合于黑白文字和线条印刷。

（4）磁记录成像数字印刷速度一般为每分钟数百张。

（5）磁记录成像数字印刷价格较低廉。

# 2.6 热成像技术

## 2.6.1 热成像基本原理

热成像技术是利用热效应,以材料加热后物理特性的改变为基础来呈现出图文信息,并采用特殊类型的油墨载体(如色带或色膜)转移图文信息。热成像技术大体上划分为直接热成像技术和转移热成像技术两大类。

在直接热成像技术中,承印材料进行了特殊的涂层处理,当向这种承印物施加热量时,其颜色就会发生变化,实现图像的记录。

转移热成像与直接热成像相比,它们都是先将油墨提供给供体,再通过热转移到承印物上(或根据系统先将其转移到中间载体,然后再转移到承印基材上),但是在热转移成像中,油墨存储在一个供体中,并通过施加热量来转移到承印材料,即部分油墨层从供体上分离并转移到承印基材,供体上的油墨是蜡状(或特殊聚合物树脂)。

转移热成像又可继续划分为热升华成像技术和热蜡转移成像技术两类。在热升华成像中,供体上的油墨受热后产生热升华反应,而扩散转移到承印材料,即通过热量熔化油墨,并扩散到纸张上,热升华成像需要有专门涂层的承印基材来接收扩散的色料。热蜡转移成像则是供体上的油墨受热后产生熔化,而转移到承印基材上。

### 2.6.2 热升华转移打印技术

#### 1. 热升华转移打印原理

热升华转移打印是一种非银盐成像方式,出现于 20 世纪 90 年代初,目前技术已逐渐成熟。影像的形成是由两个片体完成的:一是染料的给予体,另一个是染料的接受体。成像时,染料通过受热后产生热升华反应,而由给予体扩散转移至接受体上面形成影像,热量控制是受一个加热头根据输入的信息来控制的,而加热头是由一排发热元件线阵组成的,每个发热元件选用热响应快、响应线性度好的新型材料制成。染料扩散的多少依赖于发热元件温度的高低,发热元件的温度由像素的颜色值控制连续变化,以此来表现灰度等级。而输入的信息是根据所储存的影像数据来控制的,主要控制通过加热所释放染料的品种和释放的染料的量。染料有黄、品红、青三种基本颜色,经过这样的过程就可以在接受片上得到应有的颜色类别和一定的密度。升华染料感热转移方式的原理如图 2-11 所示。

#### 2. 热升华转移成像材料

热升华转移最后形成的影像效果除了与打印机有关外,更重要的是与成像材料有直接的关系,即完成影像形成的染料给予体和染料接受体是热升华成像的关键。

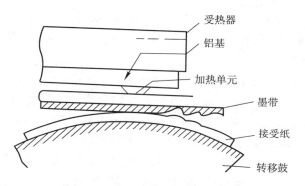

**图 2-11　染料热升华转移成像原理**

（1）染料给予体

染料给予体的基本结构如图 2-12 所示,通常包括很薄的片基,在片基上正、反两面都有涂层,片基正面涂上染料层,它包括打印染料和聚合型黏合剂。在染料层与片基之间还有一辅助层或叫底层,片基的背面涂布滑动层,目的是提供一个润滑表面,以防止热打印头经过而划伤。

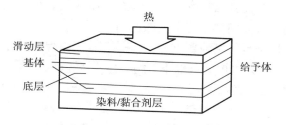

**图 2-12　染料给予体的基本结构**

作为染料给予体的支持体片基,不仅要求平整度要好,而且要能适应温度的急骤变化,因为在打印中要使染料产生升华转移,根据记录数据要求,温度的急骤变化是很频繁的。能满足这样条件的支持体有:聚酯、聚对苯二甲酸乙二醇酯、酰胺、聚丙烯酸酯类、聚碳酸酯纤维、纤维素乙酯、氟化高聚物、聚醚、聚缩醛类、聚烯烃、玻璃纸等,片基厚度一般为 $2\sim30\mu m$。

片基上也可能涂布辅助层或胶层,但这种支持体的耐热性还不是很理想,为此人们正在研究更具耐热性能的材料,但在性价比上还没有找到非常理想的材料。目前,解决这一问题常用的方法是在片基上涂布滑动层。

在片基背面涂布滑动层是为了保护、防止黏附打印头,对滑动层通常要求要尽可能薄且均匀,以免影响转移热量的程度;对感热头没有影响,不要污染感热头;不对染料层产生不良影响。因此,滑动层中通常含有交联型树脂,这是为了解决耐热性问题;还包括润滑材料,如表面活性剂、液体润滑材料、固体润滑材料或混合润滑材料。表面活性剂的类型有羧化物、磺化物、磷酸盐、脂肪胺盐、脂肪季胺盐、聚氧乙烯烷基醚、聚乙二醇脂肪酸、氟烷 $C_{2-20}$ 脂及酸等;液体润滑剂包括硅油、合成油、饱和的碳氢化合物和醇化合物等;固体润滑油包括几种较高的醇,如十八烷醇、脂肪酸和脂肪酸酯等。

染料层可以含有单色染料或者是含有不同彩色染料的连续的、重复区域,如青、品红、黄和黑等。当染料给予体使用含有两种或多种主要彩色染料时,就可以得到彩色影像。一般来讲,染料层中含有升华染料、黏合剂、其他补加剂(如 UV 吸收剂、防腐剂、分散剂、防静电剂、黏度调节剂等),它们都起着不同的作用。

对升华性染料的一般要求是:升华性高,室温保存稳定性好;耐热性良好,在加热头加热的条件下,不产生热分解;色再现性好;分子吸光系数高;耐光、耐湿、耐药品性好;对水黏合树脂的溶解性或微粒分散性高等。适应于作染料热升华的染料主要有三氰基乙烯染料、二氰基乙烯染料、丙二腈二聚物衍生物染料、偶氮染料(如分散偶氮染料、蒽醌染料、吲哚苯染料、偶氮甲碱染料)等。

染料层除染料以外,还有黏合剂。一般的黏合剂是高分子黏合剂,包括:①纤维素衍生物,如乙基纤维素、羟乙基纤维素、乙氧基纤维素、醋酸甲酸纤维素、醋酸邻苯二酸(氢)纤维素、醋酸纤维素、醋酸丙酸纤维素、醋酸丁酸纤维素、醋酸戊酸纤维素、醋酸苯甲酸纤维素、三醋酸纤维素;②乙烯类树脂及其衍生物,如聚乙烯醇、聚醋酸乙烯、聚丁酸乙烯、聚乙烯吡咯酮、聚乙烯醇缩乙酰基乙醛、聚丙烯酰胺;③聚丙烯酸酯及丙烯酸酯衍生物,如聚丙烯酸、聚甲基丙烯酸甲酯、苯乙烯-丙烯酸酯共聚物;④聚酯树脂,如聚碳酸酯、苯乙烯-丙烯腈共聚物、聚矾类、聚苯氧;⑤有机硅类,如聚硅氧烷;另外,还有环氧树脂、天然树脂(阿拉伯树胶等)等其他物质。

(2)染料接受体

基本的染料接受体材料的结构如图 2-13 所示,是在支持片基上先涂布底层,最上面涂布染料接受层。

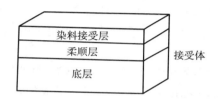

**图 2-13 染料接受体的基本结构**

支持体一般要求具有耐热性、匀质性、表面平滑且有一定的柔性,厚度一般为 $100 \sim 200 \mu m$,片基可以是透明的胶片或各种塑料薄膜,如聚对苯二甲酸乙二醇酯、聚烯烃、聚氯乙烯、聚苯乙烯、聚碳酸酯、聚磺酸酯、聚酰亚胺、纤维素酯或聚乙烯醇缩乙醛,也可以是各种涂塑纸,因此可以制成彩色透明片,也可以制成彩色相片。

染料接受层就是为了接受由染料给予体加热传输过来的染料。染料接受层中一般有可吸收性树脂,如聚酯、纤维素酯、聚碳酸酯、聚氯乙烯等。为了提高转移影像的清晰度,改善接受层的白度,提高保护转移影像的再转移,给接受表面赋予再写稳定性,在接受层还可以加入白色颜料,这种颜料一般为氧化钛、氧化锌、高岭土、白土、碳酸钙、细粉状二氧化硅等,可以是一种,也可以是多种一起用。为了更好地提高转移影像的防光性,还可以加入 UV 吸收剂、光稳定剂、防氧化剂等。为了改善释放性能,染料接受层还可以加入释放剂,作为释放剂一般有固体蜡、聚乙烯蜡、酰胺蜡、聚四氟乙烯、含氟类或酯类表面活性剂、石蜡、硅油等,其中硅油是较好的。

在片基和接受层之间还可以有一层或多层中间层。中间层随材料不同起不同的作用,可以起缓冲作用,疏松、染料防扩散作用,也可兼而满足两种或多种作用,也可作附着层。如染料防扩散层是防止染料向片基扩散,用于这些层的黏合剂,可以是水溶的,也可以是油溶的。但常用是水溶的,特别是明胶。

### 2.6.3  热蜡转移数字印刷技术

热蜡转移成像的特点是油墨从色膜或色带上释放出来,再转移到承印材料表面,因此这是一种油墨加热熔化再转移的技术。色膜上预加油墨的主要成分可能是蜡,也可能是特殊的聚合物,如树脂。

热蜡转移记录装置的基本部件由加热头(打印头)、色膜和接受体构成。其中,色膜是热敏油墨薄膜和底基组成的双层材料;打印头中包含加热元件,加热脉冲导致色膜上的油墨层迅速熔化;接受体(接收介质)即承印材料。

通常热蜡转移印刷过程分为三步:第一步是通过加热头或激光将色带上的染料层加热熔融转移;第二步是被熔融转移的染料层黏附到接受体即承印基材上,形成潜影;第三步是将色带从承印基材上剥离下来,使潜影显现,并固定在承印基材上,同时,在色带上形成负像,如图 2-14 所示。

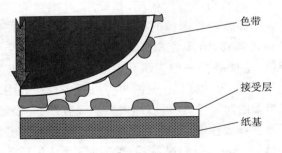

色带

接受层

纸基

**图 2-14　热蜡转移成像技术**

## 2.7　电子束成像技术

电子束成像又称为离子成像,是通过使电荷的定向流动建立潜像,该过程类似于静电照相过程。不同之处在于静电照相是先对光敏鼓充电,然后对其进行曝光生成潜影;而电子束成像的静电图文是由输出的离子束或电子束信号直接形成的。电子束成像的静电图文鼓采用更坚固、更耐用的绝缘材料制成,以便接收电子束的电荷。

如图 2-15 所示,电子束成像系统工作时,首先由成像盒产生电子束,这些电子束通过与成像盒相连的引导筒排列成电子束阵列,该电子束阵列被引导到能暂时吸收负电荷的绝缘表面上。当滚筒旋转时,由于电子束的开通与关闭,在绝缘表面形成电子潜像。滚筒转动到呈色剂盒所在的位置时,电子潜像将吸附带正电的呈色剂粒子。已吸附了呈色剂粒子的绝缘表面继续转动到转印辊,纸张通过转印辊与绝缘滚筒形成的加压组合时,由转印辊对纸张加压;在

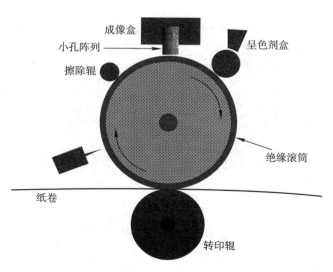

**图 2-15　离子成像数字印刷原理**

该压力作用下，绝缘表面与纸张表面紧密接触，且处在巨大的压力下，使电子潜像吸附的呈色剂粒子转移到纸张上。考虑到电子潜像吸附的呈色剂粒子不可能全部转移到纸张表面，因此在转印辊后面安装有刮刀，刮下那些未被转移的呈色剂粒子。上述过程完成后，虽然未转移到纸张表面的是色剂粒子被刮掉了，但绝缘表面可能还带有电子，为此需利用擦除辊擦除剩余下来的电子，以利于下一步的成像和转印。

# 数字印刷系统与设备

数字印刷系统中,有两项技术是最为关键的,一个是 RIP,一个是数字印刷机本身。因为数字印刷 100％ 都是可变信息,相邻的两张印品可以完全不一样,而且要求有很高的输出速度(一般应该与传统的单张纸胶印机的速度相当),另外,随着数字印刷质量的不断提高,分辨率不断提高,因此要求 RIP 具有极高的处理速度和强大的处理功能。数字印刷机实际上就是一个高速成像转换系统,负责将数字页面高速转换成高品质的印刷品。这就要求所使用的高速成像系统即数字印刷系统必须满足下面几方面的要求。

① 高速度。数字印刷的印刷速度必须满足每小时数千张以上的要求,基本达到传统印刷的速度。

② 高质量。数字印刷应该达到或至少接近传统胶印的质量,否则很难称为印刷品,也许只能称为复印品或打印品。

③ 普通纸成像。数字印刷应该对承印物没有特殊要求,可以在普通的基材,如纸张、胶片、塑料等上面成像。

④ 低价格。数字印刷的成本应较低,价格应该与传统的胶印相当。

数字印刷系统是用来将数字页面信息转化成印刷品的成像设备,其工作过程还是一个印刷的过程,所以从总体上讲,数字印刷系统的基本构成与传统的印刷系统基本一样,所不同的是它是一个全数字生产系统,因此有其自己的特点。数字印刷系统是一个完全数字化的生产系统,在印刷生产过程中,数字流程贯穿了整个生产过程,从信息的输入一直到印刷,甚至装订输出,数字印刷系统所加工的信息都是数字信息,只是最后才输出模拟的印刷产品。它不仅把印前、印刷和印后融为了一体,而且具备按需生产能力,因为数字印刷系统在输出产品之前都是数字信息,可以很容易改变数字信息的内容,所以数字印刷可以根据具体要求,生产制作出满足顾客需要的信息产品。

数字印刷技术近年来发展很快,各商家也陆续不断地推出了各种数字印刷系统,这些数字印刷系统可按印刷方式、印版形式、成像原理等多种方式来分类。

1. 按印刷方式分类

数字印刷系统按印刷方式即图文转移方式可分为直接数字印刷系统、间接数字印刷系统和喷墨数字印刷系统等。

(1) 直接数字印刷系统。即在印刷过程中,在成像载体上成像后,成像载体上的图像直接转移到承印物上,即直接转移方式。如Agfa公司、XeiKon公司、IBM公司等推出的数字印刷系统都采用直接转移印刷方式。

(2) 间接数字印刷系统。这种印刷系统如同传统的胶印机一样,在成像载体上成像后,在成像载体与承印物之间图像需经过一中间载体(橡皮滚筒)转印,即间接图文转移方式,它基本保持了胶印机的特点。如以色列Indigo公司E-Print1000型机、KBA公司的74 karat型机(无水胶印)、捷克Adast公司的705 CDI Dominant机(无水胶印)、曼罗兰公司和高斯公司的数字印刷机等,都属于间接印刷的数字印刷系统。

(3) 喷墨数字印刷系统。它利用计算机控制喷嘴将油墨直接喷射到承印物上,是一种无版无滚筒的与传统印刷方式完全不同的数字印刷机,可以说是真正的数字印刷系统。

直接数字印刷机和间接数字印刷机中的成像载体的作用实际相当于传统印刷方式中的印版,而喷墨数字印刷机是一种真正无版无压的印刷方式。

2. 按运用潜像的形式分类

根据对所成潜像的使用次数,数字印刷系统可分为一次性使用潜像的数字印刷机、多次使用潜像的数字印刷机和无潜像的数字印刷机。

(1) 一次性使用潜像的数字印刷机。即成像载体经成像印刷后,其表面性质会恢复到原状,也就是说,这种数字印刷机在成像载体上所成的潜像每印刷一次就消失,再次印刷时,需重新成像。

(2)多次使用潜像的数字印刷机。这种数字印刷机在成像载体上所成的潜像可进行多次输墨和图文转移,无须印刷一次成像一次。

(3)无潜像的数字印刷机。印刷之前无须成像,直接在承印物上印刷成像,即喷墨数字印刷机。

3. 按潜像的性质分类

根据成像载体上所成潜像的性质不同,数字印刷机可分为三种。

(1)成像载体上所成潜像可存储,但不能擦除,即成像载体只能使用一次。

(2)成像载体上所成潜像可存储,需要时可擦除,再重新成像,即成像载体可以使用多次。

(3)成像载体上所成潜像不能存储,每次印刷转移后,潜像消失,成像载体恢复到原始状态,再印刷需重新成像。

4. 按印刷量分类

已经推向市场的数字印刷机一般只适合小批量印刷,但也可分为不同类型。

(1)少量印刷。一般印量在 100～500 份,多为 200 份左右,一般使用喷墨印刷和直接印刷的数字印刷机(印版可重复使用)。

(2)中、大量印刷。印刷数量可超过 500 份,据称高斯公司和曼罗兰公司推向市场的产品适合不同批量印刷,从小量到大量印刷均可。高斯公司称其 ADOPT/CP 机可印刷 100 份到 100 万份印品。

5. 按成像原理分类

根据成像系统的成像原理和方式不同,数字印刷机可分为喷墨印刷机、静电印刷机、电凝聚印刷机、磁成像印刷机、离子成像印刷机等。

# 3.1 数字印刷的信息处理系统

数字印刷本质上讲就是一种信息输出方式,采用数字印刷技术在一定的载体上输出图文信息之前,也要像模拟印刷工艺的印前处理一样,须对信息进行采集、处理与组织,这就是数字印刷的信息处理。数字印刷的信息处理系统与模拟印刷工艺中的印前处理系统基本一致,也应具有相应的图文信息采集、图文信息处理与编排等功能。

### 3.1.1 信息输入系统

数字印刷的信息输入最关键的是对模拟的原稿图像的数字化。对模拟原稿的数字化主要以扫描方式完成。图像扫描由扫描仪完成,扫描仪是指能将二维或三维的模拟图像信息转变为数字信息的装置,其主要功能是将模拟彩色图片输入计算机中。扫描仪在扫描图像时,首先通过扫描采样获得模拟图像的每一个像素点的光信号(即对图像进行空间的离散化),然后对每一个像素点的光信号依次进行分色、光电转换、模数变换(A/D 转换)等处理,最后获得图像的数字信号。一般扫描仪都由照明系统、同步信号发生系统、扫描系统、光电变换系统、A/D 系统构成,如图 3-1 所示。

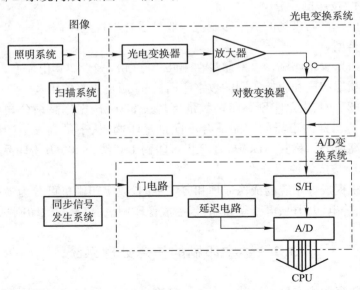

图 3-1　扫描仪的基本构成

1. 滚筒式扫描仪工作原理

滚筒式扫描仪一般采用光电倍增管(PMT)作为光电转换器件,它与传统电子分色机的扫描输入原理基本相同,通过对原稿进行栅格方式的分解扫描,如图3-2所示,使原稿变换成一种串行方式的可检测光信号,再经过分光、分色及光电转换系统变换成一种模拟电信号或数字信号,如图3-3所示。滚筒式扫描仪在工作时,是把原图贴放在一个干净的有机玻璃滚筒上,让滚筒以一定的速率围绕扫描头旋转。扫描头中有一个亮光源,发射出的光线通过细小的锥形光圈照射在原图上,一个像素一个像素地进行采光。如果原稿采用的是反射介质,则扫描光源从滚筒的外面照射原稿,原稿反射回来的光线通过分光分色系统将其分解成RGB三色光,再由接收系统接收并生成模拟信号。

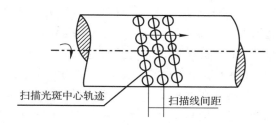

扫描光斑中心轨迹    扫描线间距

**图3-2  滚筒式图像扫描方式**

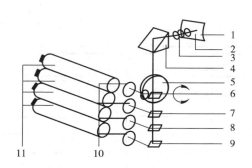

**图3-3  滚筒扫描仪工作原理**

1—原稿;2—扫描点;3—分析物镜;4—转向棱镜;5—光孔轮;
6—光孔析光片;7,8,9—分光镜;10—滤色片;11—光电倍增管

如果原稿是透射型介质（如胶片、幻灯片等），那么扫描光源是从滚筒的内部照射原稿，接收系统接收的是透射光。生成的模拟信号再经模数转换器转换成数字信号传送给计算机，即完成扫描过程。

2. 平板式扫描仪工作原理

平板式扫描仪主要扫描反射稿件，它的扫描区域为一块透明的平板玻璃（多为 A4 或 A3 幅面），将原图放在这块干净的玻璃平板上，原图不动，扫描系统通过一个传动机构作水平移动，发射出的光线照在原图上，经反射或透射后，由接收系统接收并生成模拟信号，再通过模数转换器转换成数字信号，直接传送到计算机中，由计算机进行相应的处理后完成扫描过程。部分平板扫描仪配有透扫适配器，可在较小的区域内进行透射扫描。

平板扫描仪的工作方式与滚筒扫描仪一样：先用光源照射原稿，原稿反射或透的光线经过平面镜和棱镜系统导入光敏元件。在绝大部分扫描仪中，阅读都是通过光电元件进行的，其形式是光电二极管或电荷耦合器件 CCD。CCD 器件记录原稿的光亮信息并将它们转换为电压值，CCD 器件在这里不仅作为光电转换元件，也用作电荷传输器件，它们将模拟电信号进行一系列的传输，再通过模数转换器将电压转换为数字信号而输送给计算机，如图 3-4 所示。

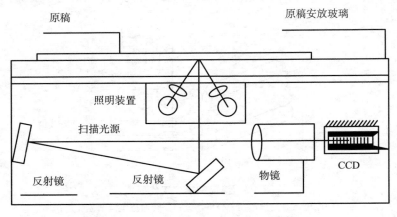

**图 3-4　平板式扫描仪工作原理**

3. 扫描仪的技术参数

(1) 分辨率

高质量的图像输入在很大程度上取决于扫描仪的分辨率。扫描仪分辨率是指在扫描过程中扫描仪对图像细节的分辨能力,它又分物理分辨率、扫描分辨率和灰度分辨率。

① 物理分辨率

物理分辨率又称光学分辨率,它是指扫描仪的光学系统在图像单位面积内可以采样的实际信息量,以 dpi(每英寸点数)或 ppi(每英寸像素数)表示。光学分辨率随扫描仪的类型不同而不同。使用线阵CCD扫描方式的扫描仪,其物理分辨率由水平分辨率和垂直分辨率组合而成,即水平方向取决于光敏单元(CCD 单元)的集成度即单位长度内 CCD 元件的个数,垂直方向由扫描步进电机步长确定。采用 CCD阵列(不是移动的线阵 CCD)的扫描仪,它在任何方向上可以捕获的像素总数是固定的。滚筒扫描仪物理分辨率由旋转速度、光源的亮度、步进电机的功能、镜头孔径的尺寸等的组合来确定。它由沿滚筒轴向的主扫描方向分辨率和沿滚筒横向的副扫描方向分辨率两部分组成。

② 扫描分辨率

物理分辨率仅由扫描仪的硬件决定,但是有些扫描仪与扫描软件配合可以把较低的物理分辨率换算成较高的分辨率。这样,在扫描软件中实际给出了多个很高的分辨率,它是采用软件的内插功能,在相邻像素间增加了一些像素,从而提高了图像输出分辨率,我们把这些软件中可供用户选择的多个分辨率称为扫描分辨率。扫描分辨率越高,所能采集的图像信息量越大,扫描输出的图像中包含的细节也越多。扫描分辨率的大小关系到用此扫描仪扫描时形成的图像最大能够放大的倍数和印刷时的最大加网线数。扫描分辨率、图像放大倍数和印刷加网线数三者的关系为:

$$扫描分辨率＝放大倍数×加网线数×质量因子(1.5～2)$$

$$(3-1)$$

可以看出,当印刷加网线数一定时,扫描仪的扫描分辨率就限制了图像的放大倍率。当图像最大放大倍率受扫描分辨率限制时，就只能降低放大倍率或印刷加网线数，三者互相制约。

③ 灰度分辨率

灰度分辨率是扫描仪分辨灰色级的能力。扫描时不仅要存储扫描点的位置，而且要存储扫描点的亮度。图像上每一个像素都具有任何可能的亮度等级，扫描仪能分辨多少个亮度等级取决于扫描仪进行模数转换和二进制存储时所使用的比特数（bit）。如 4bit 的手持式扫描仪的模数转换器对每一像素以 4bit 存储，0000 表示白，1111 表示黑，一共可表示 16 个灰度级；6bit 扫描仪用 000000 表示白，111111 表示黑，能产生 $64(2^6)$ 个灰色级。为了表示出 256 个灰色级，对每个像素需用 1 个字节，即 8bit 进行存储。比特数与灰色级的关系为：

$$N = 2^{bit} \tag{3-2}$$

式中，$N$ 为灰色级数，bit 为比特数。

（2）最大密度范围

最大密度范围又称最大密度动态范围，指扫描仪所能识别出原稿层次变化的密度范围。最大密度范围小，将使原稿暗调部分的细节层次丢失，尽管这个区域的图像仍然有深浅的变化，但感光器件却不能分辨，输出的信号相同，所以扫描图像上该区域就变成无层次变化的相同色调。只有密度范围大的扫描仪才能把这些暗调部分的细节反映出来。因此对暗调的识别程度是检验扫描仪性能的关键。

通常反射原稿密度范围小于 2.0，透射原稿的最大密度可达到 3.5，因此扫描透射原稿对扫描仪的要求要高得多。

（3）颜色位深度

颜色位深度是扫描仪对每一种颜色所能识别的层次数。早期的扫描仪仅有 1 位，只能记录 2 个灰度等级，即黑与白。目前常用扫描仪的颜色位数有 8 位、10 位、12 位和 16 位等，理论上 24 位扫描仪能区分 256 级灰度和 1677 万种颜色；30 位扫描仪能区分 1024 级灰度和 10 亿种颜色；而 36 位扫描仪能区分 4096 级灰度和 687 亿种颜色；48 位扫描仪能区分 65536 级灰度和 281 兆种颜色。因此，扫描仪的颜色位数越高，捕获的色彩越丰富，扫描的图像层次越多，动态范围也越大。

（4）缩放倍率

缩放倍率是扫描仪对原稿缩小或放大的倍率。缩放是扫描软件中产生较大或较小的图像的处理程序，当经过扫描软件缩放的扫描图像送入图像编辑程序后就无须重新改变图像的大小了。在扫描软件中，缩放倍率与光学分辨率成反比，图像的缩放倍率越大，光学分辨率越低。当使用最大的分辨率时，缩放倍率只能小于1。

（5）扫描仪的速度

扫描仪的速度与系统配置、扫描分辨率设置、扫描尺寸、放大倍率等有密切关系。一般情况下，扫描黑白、灰度图像，扫描速度为2～100毫秒/线；扫描彩色图像，扫描速度为5～200毫秒/线。扫描仪的工作方式是通过扫描仪的光源，利用一种色彩分离方法和CCD（电荷耦合器件）或PMT（光电倍增管）来采集被扫描对象的光信息，并将该光信息传输到一个计算机图像文件中去。扫描仪速度快当然好，但不能影响图像质量。因此，不是扫描仪的扫描速度越快越好，扫描速度非常高的扫描仪，在扫描过程中，可能会丢失一些图像信息。有些扫描仪在低分辨率时扫描速度快，但在高分辨率时扫描速度不一定快。因此必须在保证质量的前提下，提高扫描仪的速度。

### 3.1.2　信息处理系统

数字印刷的信息处理系统是集成在计算机系统平台上的一种专业的数字印前系统。其计算机系统平台主要包括系统服务器、作业工作站（PC）、图像处理工作站（Mac）、网络系统及其通信设备。

图文处理是数字印前系统的核心，由硬件和软件构成。其中，硬件部分主要包括高性能的 MAC 机、PC 机和 SGI 工作站等计算机及其网络等硬件环境，主要负责数据的传输和运算。软件部分主要包括系统软件、输入输出设备的驱动软件和各种图文处理的应用软件三类。应用软件在交互环境下，实现各种图文信息编辑与处理功能，主要有文字处理、图形处理、图像处理、排版、拼大版、数字打样、RIP 和流程等软件。

## 3.2 数字印刷系统的构成

数字印刷系统是一个全数字化的印刷生产系统,虽然采用不同的成像技术的数字印刷系统的构成有所不同,甚至差别很大,但对一般的数字印刷系统而言,基本包含以下几个子系统,如图 3-5 所示。

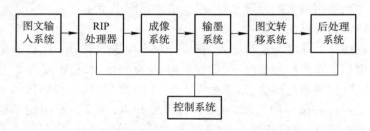

**图 3-5 数字印刷系统的构成**

1. 图文信息输入系统

数字印刷系统所印刷输出的图文信息是由其图文信息输入系统完成的,它可由数字读入(输入)接口直接读入印前图文处理系统传输来的数字化文件信息,或者由扫描输入部件(扫描仪)对模拟原稿的数字化完成,扫描仪可内置在数字印刷机上。对内置扫描仪的数字印刷系统来说,原稿可在数字印刷机上直接数字化,产生的数字文件可以扩充到现有数据文件中,使描述印刷作业的数据文件更完整,也可以直接用于印刷。扫描仪产生的数字文件也可利用系统控制中心的图像处理模块作必要的处理和修正后再印刷输出。

2. 栅格图像处理系统

所有数字印刷系统的生产过程均由栅格图像处理器控制,栅格图像处理器是数字印刷系统必不可少的功能部件,它用于将以数字形式描述的页面内容转换为点阵描述,并控制成像装置和印刷单元的动作。

3. 成像系统

如前一章所述数字印刷的成像原理可知,除喷墨复制工艺可直接形成可视图像外,其他数字印刷工艺绝大多数都需要图文载体(可成像表面)成像,建立视觉不可见的潜像。所以绝大多数数字印刷系统需要有执行成像操作的功能部件,称为成像系统或成像装置。成像系统中用于记录图文信息的零件、物体或材料称为图像载体,它是成像部件中的关键元件,例如,以静电照相成像为基础的数字印刷系统使用的光导鼓,起着与模拟印刷中印版类似的作用。图像载体与印版的主要区别,是图像载体存储的图文信息是临时性的,墨粉转移后成像结果就失去使用价值,因此只能是成像一次、使用一次,即使页面内容相同也是如此;印版则具有永久性保存图文信息的能力,只要在印版的耐印力范围内就可多次重复使用,这是传统印刷工艺可获得稳定而可靠的印刷质量的主要原因。

4. 输墨系统

数字印刷系统在成像装置上所成的影像是不可见的潜像,它并不能直接转移,所以需进行显影,即对图像载体表面的潜像输墨,使之转化为墨粉影像,即将油墨或呈色剂转移到可成像表面的潜像上,这一过程由输墨系统完成。

5. 图文转移系统

输墨系统将呈色剂或油墨输送到图像载体表面,只是图文转移的中间步骤,还需要使墨粉影像进一步转移到承印物表面,实现这一操作的部件称为图文转移系统或定像装置。

6. 后处理系统

油墨或呈色剂转移到承印物表面上后,一般并不能固定在承印物表面,即不能形成稳定的影像,所以还需对转移到承印物上的油墨(或呈色剂)作固化和干燥处理。此外,为了建立连续的数字印刷过程,每转印一次或印刷完成后,需对图文载体(或其他中间载体)表面作清除和再次成像准备等。实现这些功能的部件可称为后处理系统或后处理装置。

此外,在数字印刷系统中,还需要控制系统来对印刷成像的全过程进行控制和调节,包括数字印刷控制信息的输入、机械器件的运转、纸张的走纸状态等。

### 3.2.1 RIP

栅格图像处理器(Raster Image Processor,RIP)是数字印刷系统的重要组成部分,它是数字印刷机将计算机排好的图文页面转化成数字印刷产品一个必不可少的中间处理设备。在决定整个系统的工作效率和品质方面,RIP具有举足轻重和不可替代的作用。如图3-6所示为图像页面输出过程。RIP的功能在于接受并解释应用软

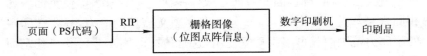

**图3-6 图像页面输出过程**

件生成的用PostScript语言描述的图文版面信息,生成数字印刷机可以识别接受的位图(点阵形式),即带有网点的网目调图像,驱动数字印刷设备记录成像。因此RIP的工作流程可概括为以下三个步骤。

前端工作站释放 ⟶ RIP解释(加网处理) ⟶ 驱动数字印刷设备记录成像

RIP是一个高强度计算处理的过程,其计算量相当大,如:当数字印刷设备的分辨率为500点/厘米时,则其在$1cm^2$内要计算识别25万个点子;若数字印刷设备的分辨率1280点/厘米时,其中$1cm^2$内则要计算识别163.84万个点子。这个计算量要在尽可能短的时间里完成,甚至要实时完成,并与数字印刷设备的输出进度相匹配,从而要求计算机具有很强的计算能力。

1. RIP的解释方法

RIP的核心是PostScript解释器,它负责将PS页面信息解释成位图点阵信息,其解释方法可分为两种:NORM方法及ROOM方法。

(1) NORM——Normalise Once Render Many(解释一次,着色多次),指的是对于文件中PostScript语言命令所描述的全部数据,先全部解释完,再一个页面一个页面着色。这种方法可解释PDF格式

或其他格式的文件,可为以后的操作(如定义陷印、OPI、拼版等)打下基础。

(2) ROOM——Render Once Out Many(着色一次、输出多次),指的是对于文件中 PostScript 语言命令所描述的全部数据,先全部解释并着色完,再一个页面一个页面地输出。ROOM 最主要的优点是在不同的输出设备上可保证输出的一致性,因为文件已经被着色过了。

但是因为 ROOM 方法用的都是解释过且着色过的文件(虽然还没有加网),文件较大,不利于网络传输,而且在打样时需压缩数据,很难保持数据一致性。

2. RIP 的功能

随着数字印刷机的发展,RIP 的功能还在不断加强,如拼大版、大版打样、最后一分钟修改、预视、预检、光栅化、成像等处理都已包括在 RIP 之中。有的 RIP 涉及印后装订,还能把与网点、油墨有关的一些印刷数据传送给印刷机。

一般 RIP 应具有如下功能。

(1) 补漏白(Trapping)。RIP 与相应的补漏白软件配合一起,可解决彩色印刷中套色不准的问题。

(2) 拼大板(Imposition)。根据出版物排版及装订要求把单个页面组拼成书帖大版。

(3) 自动分色(Separations)。在输出之前自动生成青、品红、黄、黑各色版信息。

(4) 最后一分钟修改。有时在印刷输出前需对某一个页面修改,为避免重新 RIP 处理整张大版,要求 RIP 只对这个页面做修改后的处理。

(5) RIP 一次,输出多次。即经 RIP 处理后的同一数据,可同时供给印前打样与最后成品输出使用,并要求 RIP 能根据不同数字印刷设备输出不同分辨率。使数字式印前打样与最后成品输出使用同一 RIP,保证打样样张与最终成品的一致。

(6) 广泛的设备支持能力。支持一些主流数字印刷输出设备,为用户提供更多的配置系统的灵活性和选择余地,最大限度地利用系统所提供的功能。

（7）RIP 与数字印刷系统整体解决方案无缝连接。支持数字打样系统、支持色彩管理系统、支持自动流程管理系统等。

（8）开发多功能 RIP。从低端黑白校样设备、彩色数字打样设备到高精度数字印刷设备都能同时驱动，充分发挥 RIP 性能，同时保证系统内各种输出结果的高度一致性，减少差错机会。开发新的网点技术，用低分辨率输出高网线，节约输出时间，支持更加友好的人机界面和远程监控 RIP 能力等。

（9）支持系统分级权限管理，提高可靠性。

3. RIP 的主要技术指标

为适应数字印刷系统输出的要求，RIP 主要应具有以下技术指标。

（1）PostScript 兼容性。因为 PostScript 页面描述语言已经成为印刷行业的通用语言，各种桌面系统应用软件都以此为标准，因此兼容性的好坏直接关系到 RIP 是否能解释各种软件制作的版面，输出中是否会出现错误。

（2）解释速度。解释速度是用户最关心的问题之一，因为它直接关系到生产效率。但输出的整体速度还取决于数字印刷机的记录速度和网络传递速度，所以最好应该综合地考查系统的速度。

（3）加网质量。加网是 RIP 的重要功能，加网质量直接影响印刷品的质量，在制作彩色印刷品时非常重要。但加网质量与解释速度是一对矛盾，精细的加网算法计算量增加很多，速度降低也很大。

（4）汉字的支持。对国内数字印刷系统，RIP 必须具有汉字支持功能。

（5）支持网络打印功能。可以在不同的硬件平台之间使用，即跨平台操作。

（6）预视功能。可以用来检查解释后的版面情况，避免出现错误和减少浪费，因此现在大部分情况下都要先预视检查，预视功能也就成为一项必不可少的功能。

（7）拼版输出功能。使数字印刷能按要求版面直接输出印刷品。

### 3.2.2 数字印刷机图文转移系统

在数字印刷系统中，将成像载体表面的墨粉影像转移到承印物，即图文转移这一过程，相当于传统印刷中的印刷过程，而且数字印刷的图文转移系统对成像载体上的墨粉影像的转移仍采用压力实现。

1. 图文转移系统的构成方式

图文转移系统构成方式有圆压圆和圆压平两种。所谓圆压圆的图文转移系统，是成像鼓为滚筒形的，压印部件也为滚筒型，配对后组成圆压圆的图文转移方式。而圆压平的图文转移系统是成像部件或转印部件之一构造为带形元件，且另一种部件采用鼓形表面，则配对后成为圆压平转移方式，即成像元件为鼓形而压印元件为带形，如图3-7(a)所示，相当于传统胶印中的平压圆方式，或者成像元件为带形而压印元件为鼓形，如图3-7(b)所示，相当于传统胶印中的圆压平方式。

2. 图文转移方式

根据将成像载体上的墨粉影像直接转移到承印物，还是先转移到中间载体再转移到承印物，图文转移系统的图文转移方式又分为直接

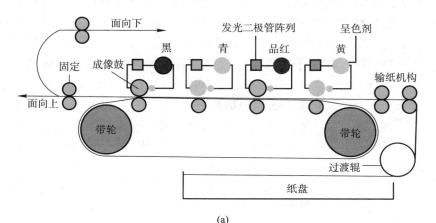

(a)

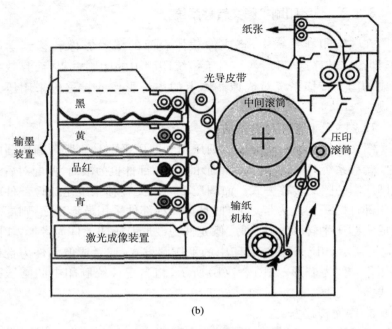

(b)

**图 3-7　圆压平图文转移系统结构**

图文转移和间接图文转移。直接图文转移是将成像载体上的墨粉影像直接转移到承印物上，如图 3-8 所示，这种转移方式的优点是系统结构简单，但缺点是成像和转印需通过同一表面实现，导致成像表面易损耗。如果采用油墨（呈色剂）需要加热熔化后再定像的工艺，则会因为热量在熔化呈色剂颗粒的同时也加热了纸张，不仅使纸张变形，还会导致纸张的表面涂层黏结到成像部件上。间接图文转移系统配置有图文中间载体，如图 3-9 所示，成像载体上的墨粉影像首先转移到中间载体，再由中间载体转移到承印物，成像载体并不直接与承印物接触。因此在转移过程中，对呈色剂的加热是在中间载体上进行的，即呈色剂颗粒的熔化发生在中间载体表面，转印到纸张的过程发生在熔化后，因此它可克服直接转移的不足。

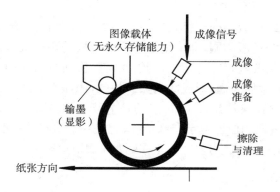

**图 3-8 图文直接转移系统**

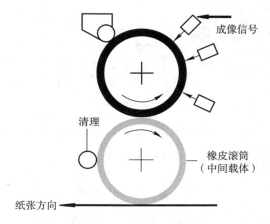

**图 3-9 图文间接转移系统**

### 3.2.3 数字印刷机系统结构

从印刷的角度看,数字印刷系统中最关键的部件是成像系统和图文转移即印刷系统,这两个系统的配备不一样,数字印刷系统的系统结构也是不一样的。对彩色数字印刷机而言,彩色印刷的实现可由印刷装置通过多次印刷完成,也可由多个印刷装置分别印刷各色而成,因此数字印刷系统有多路系统结构和单路系统结构两种。

1. 多路系统结构

多路系统的数字印刷机只有一个印刷装置,与多个输墨装置配合使用实现各分色版印刷,即采用多路系统结构的印刷机只需要一个成像装置。如果要实现彩色印刷,则纸张需多次通过由压印滚筒和成像表面(或中间载体表面)形成的间隙。为此,压印滚筒或类似部件上应带有抓纸机构,保持纸张在固定的位置上。如图 3-10 所示为佳能 CLC300 静电照相成像数字印刷系统,它是一个多路单张纸印刷系统,四色硒鼓(输墨装置)均匀地分布在圆盘上,压印滚筒上有抓纸机构。

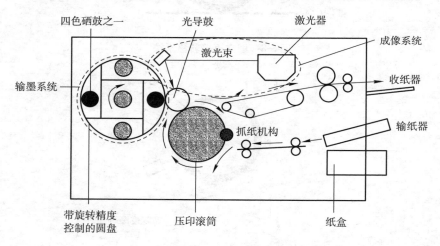

图 3-10 佳能多路系统

多路系统的优点是制造成本低,因为只需一个成像装置,而成像装置又是数字印刷系统中构成设备生产成本的主要部分。其主要缺点是由于印张、中间载体或可成像表面必须多次与相同印刷装置接触来接收油墨,因此所需的时间长,印刷速度慢,无法形成连续的作业流,生产能力很低。

2. 单路系统结构

单路系统的数字印刷机每一色版的印刷都由一个独立的印刷装置完成,即这种系统中有多个印刷单元,且每个印刷单元均包含一个成像装置,它能将所有的颜色一次性转印到承印物上,相当于传统胶印机的多个印刷机座。印刷时,纸张只需一次通过多个由压印滚筒和成像表面(或中间载体)组成的间隙,就能完成彩色印刷。每个印刷单元中不仅有成像装置,也有相应的输墨装置和清理装置等。如图3-11所示,单张纸由皮带输送系统供应,直线走纸,图文转印发生在中间滚筒和纸张之间,皮带输送系统不仅承担着为系统供纸的任务,也起压印作用。成像装置可采用静电照相技术,也可采用离子成像或磁成像技术,成像结果记录在光导鼓或其他类似部件的表面。

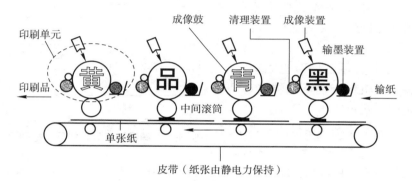

图 3-11　单路系统结构

单路系统的制造成本较高,但优点是印刷速度快,在成像速度相同的前提下,一单路系统的生产能力是多路系统的 4 倍,容易形成连续的印刷作业流。显然,单路系统的生产能力取决于成像装置的记录速度,而输墨装置和其他部件的工作速度需与成像速度匹配。

## 3.3　各类数字印刷系统基本工作原理

数字印刷机与传统胶印机的最大区别是,数字印刷是机上直接成像数字印刷方式,所以数字印刷机的基本工作原理取决于其成像方式。按成像原理的不同,数字印刷机可分为喷墨数字印刷机、静电数字印刷机、电凝聚成像数字印刷机、磁成像数字印刷机、热成像数字印刷机、电子束成像数字印刷机等。

### 3.3.1 喷墨数字印刷机的工作原理

**1. 喷墨数字印刷系统基本构成**

喷墨印刷是利用数字式数据直接在记录材料上得到图像和文字，而不用类似于印刷机的成像装置，是一种既不需要胶片、印版，又不需要压力的新工艺。喷墨印刷机整个印刷系统主要由信号输入装置和喷墨印刷机主机组成，如图 3-12 所示为其原理框图，系统控制器根据所要印刷的图文信息驱动喷墨控制器控制喷头向承印物喷射墨滴，系统控制器同时也驱动承印物驱动机构带动承印物移动，实现图文在承印物上的正确再现。

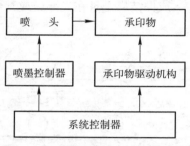

**图 3-12　喷墨数字印刷机原理框图**

喷墨印刷机主机的基本结构如图 3-13 所示。图中 1 为喷头，由墨水腔和内装的压电晶体组成，2 为由图像信号控制的充电电极，3 为偏转板，将带电与不带电的墨滴分开，收集器 4 和油墨导管 5 构成一个供墨循环系统，6 为同步驱动运行的承印材料。

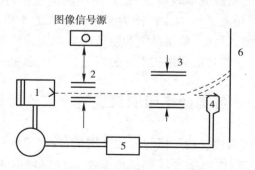

**图 3-13　喷墨数字印刷机主机基本结构**

**2. 彩色喷墨数字印刷系统基本工作原理**

随着计算机软件的开发、喷墨印刷设备的改进和新型油墨研究的成功,喷墨印刷已由单色发展到多色,质量也在不断提高,已广泛应用于数字打样和彩色印刷。如图 3-14 所示为彩色喷墨印刷系统的工作原理。

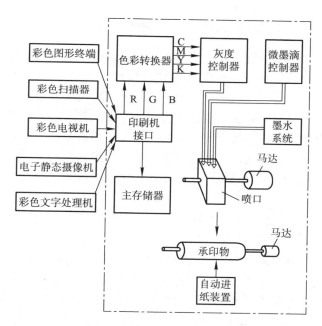

**图 3-14 彩色喷墨印刷系统的工作原理**

喷墨印刷机主机可以从多种不同的信息源接收彩色信息,例如彩色图形终端、彩色扫描器、彩色电视机、数字照相机以及彩色文字处理机等。信息源以三基色红、绿、蓝信息送至印刷机接口,首先将要复制的信息存入主存储器,然后由色彩转换器将红、绿、蓝三色信息转换为青、品红、黄、黑四色油墨的分色、加网信号,再由灰度控制器控制中性灰,将上述四种颜色的油墨信号分别送至相应色别喷头的电极上,以控制喷头喷射油墨。

微墨滴控制系统主要是控制墨滴的产生并使之处于稳定状态,油墨系统则是用来供应和回收油墨,再通过承印物滚筒的转动和多色喷头的水平扫描移动完成喷墨印刷过程。

彩色喷墨印刷机也有连续式和间歇式两种,结构形式与普通喷墨印刷机基本相似,其中连续式彩色喷墨印刷机一般设有四个喷嘴,而间歇式彩色喷墨印刷机则需设更多的喷嘴。

### 3.3.2 静电数字印刷机的工作原理

静电数字印刷机的基本工作原理是利用激光扫描的方法在光导体上形成静电潜影,再利用带电色粉与静电潜影之间的电荷作用力,将色粉影像转移到承印物上完成印刷,可以采用干式色粉,也可以采用湿式色粉。静电数字印刷机是应用最广泛的数字印刷机类型。

静电数字印刷系统主要由成像、着墨、色粉转移(印刷)、色粉定影等部分组成。其关键是成像带或成像鼓在导电方面的双重性:成像带或成像鼓在黑暗的条件下是不导体,而在光照的条件下又成为了导体。

在印刷时,首先用电晕器对其用于成像的成像带或鼓进行充电,使其带上均匀的、较高的负电压。然后激光单元根据经过 RIP 后输送来的图文信息对成像单元进行曝光,它会根据图像的深浅来决定激光束的强弱,这样,激光单元对成像单元曝光时,每一点的激光束的强弱就会根据图像的不同而不同。而成像单元是有接地装置的,其曝光部分在曝光时成为导体,电荷就会流失,激光曝光强弱不同,电荷流失的多少也就不同。这样在成像带或鼓上就有了高低不同的电势,这种电势差的强弱反映了图像的深浅,即形成了潜像。

成像所用的墨粉通过与显影剂的搅拌摩擦而带电,当成像单元通过显影单元时,墨粉就会被吸附到成像单元上。根据它上面电势差大小的不同,吸附到成像单元上的墨粉量也会有所不同,这样图像就在成像单元上形成了。

当纸张通过成像单元前,先对纸张反面进行充电,这种带电的纸张会把成像单元上的墨粉吸附到纸张上。这样,电子文件中的数字图像就被转印到了纸张上。但这时墨粉还只是通过静电吸附在纸张上,稍微一擦就会被抹去。所以要对其加热,使墨粉熔化并渗入到纸张的纹理中,这时图像就被牢牢地转移到纸张上,即使是用水冲洗也冲不掉。

对于双面印刷的机器来说,其原理相同,只不过是采用了两套成像及显影装置,纸张通过第一套装置时完成正面印刷,紧接着通过第二套装置来完成反面印刷。

### 3.3.3 磁成像数字印刷机的工作原理

#### 1. 磁成像数字印刷系统的基本结构

任何计算机直接印刷系统均需要作为转移页面图文内容使用的基本部件,磁成像数字印刷系统也不例外,其主要的部件是成像载体和印刷单元,但其图像载体的形式和物理特征则与磁成像原理有关,而印刷单元(色组)对磁成像复制系统也是其基本要求。从复制工艺的角度看,一个印刷单元可以负责复制一种主色,也可以使用一个印刷单元复制出全部需要的颜色,这取决于印刷系统设计为多路系统还是单路系统。

图 3-15 为一个典型的以磁成像为基础的印刷系统,它由成像系统、显影装置、抽气装置、压印滚筒、固化装置和退磁装置等组成,其核心部件是成像系统。

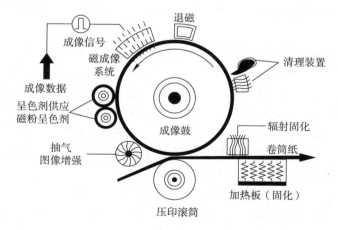

**图 3-15 磁成像数字印刷系统**

铁、钴、镍以及它们的合金等无机材料是铁磁体，这些材料没有外磁场作用时并不显示磁性，但在外磁场作用下，因磁矩作有规则的排列而磁化，且受反向外磁场的作用时会发生退磁现象。在磁成像数字印刷系统中，成像系统的图像载体由铁磁材料制成，即磁鼓。磁鼓在物理结构上需要按复制工艺考虑，因为复制结果不仅与成像过程有关，也涉及如何建立连续的复制过程，即一个印刷作业完成后，必须能紧接着开始下一个印刷作业，而图像载体也必须能立即开始下一轮的成像。显然，成像鼓不应该、也没有必要由铁磁材料整体制成，实际采用的成像鼓中心部分是非铁磁材料的核，表面先涂一层软质的磁性铁镍层，厚度约 $50\mu m$；在铁镍层上再涂一层硬质磁性钴镍磷合成化合物层，质地坚硬而耐磨，厚度约 $25\mu m$；鼓的最外层是保护层，厚度仅 $1\mu m$，目的是保护里层，还有利于采用机械方法清理。

磁成像数字印刷机的成像系统能产生与成像鼓表面涂层铁磁材料物理特性相对应的外加磁场，图像载体（成像鼓）表面获得的磁性图案取决于铁磁材料中磁畴的磁矩或磁偶极子的排列方向，磁矩呈不规则排列的区域对应于页面上的非图文部分，磁矩方向与磁场方向一致的区域对应于页面上的图文部分。成像鼓表面铁磁体材料涂层的初始状态应该是未经磁化或经过完全退磁，磁矩方向作不规则排列，对外不显示磁性。

磁成像系统中，显影装置实际为磁性呈色剂供应站，即给磁化成像的磁鼓施加墨粉，使之形成色粉影像。抽气装置用于图像增强。压印滚筒通过在承印物与磁鼓之间施加一定压力，使磁鼓上的墨粉转移到承印物上。固化装置包括加热固化装置和辐射同化装置，即它采用加热和辐射两种固化方式使承印物上的色粉影像固定。成像鼓表面清理装置和退磁装置用于清理磁鼓转印后剩余的色粉，并使之恢复初始状态，便于下一轮成像印刷。

2. 磁成像数字印刷机基本工作原理

磁成像数字印刷的关键使磁成像和磁潜像的擦除，即磁鼓的成像和恢复。

如图 3-16 所示是磁成像数字印刷系统的成像原理图，来自系统前

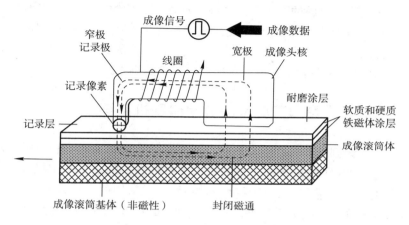

**图 3-16　磁成像数字印刷系统的成像原理**

端的页面信息被转换为电信号,作为成像信号使用。当成像信号加到线圈上后,将形成与页面图文内容对应的磁通变化,记录极利用磁通变化使成像鼓的表面涂层产生不同程度的磁化效应,在成像鼓的记录层(铁磁材料涂层)上产生磁潜像。成像头允许与成像鼓(磁鼓)的硬质耐磨表面以机械方式接触,以形成一个由图像信息控制的可重复产生的磁场图案。成像头上包含两个磁极,其中左面的窄磁极为记录极,右面的宽磁极不产生记录动作。在成像时,在窄记录磁极上的磁通密度非常大,以至于成像鼓表面铁磁材料涂层中磁畴的磁矩方向会发生改变,与成像头磁场方向形成一致,产生与页面图文内容相应的磁性图案;而在宽极上则磁通被封闭,其磁通密度对磁畴内的极性不会有明显的影响,对应于页面上的非图文区域。

　　以磁成像技术为基础的数字印刷系统与其他成像方法不同,成像结果可重复使用。因此,磁成像印刷系统应该具备擦除已产生在成像鼓表面磁性图案的功能。为了去除成像鼓表面的磁性图案,要求使用称为磁擦的特殊磁性组件。从铁磁体材料的磁化和退磁特性可知,磁擦需根据成像鼓表面涂层的磁滞回线特性设计,不仅要求擦除装置产生与成像时相反的外加磁场,还要求形成在铁磁材料磁畴范围内稳定的反向磁性,很少或不受外界环境变化的干扰。因此,擦除装置的作用是在铁磁体材料的一个磁滞回线周期内,利用产生的交变磁场强度降低磁化强度的峰值,直至恢复铁磁材料的初始状态,即获得中性的、非磁性的表面。显然,这种状态是成像鼓表面铁磁材料涂层的基本状态,达到这一状态后就为下一次成像创造了基础条件。

## 3.4 典型的数字印刷机系统

数字印刷以其独特的优势在行业内发展非常迅速,为适应这一发展趋势,一些印刷设备商近年来推出了各种性能的数字印刷机,由于各种机型的性能特点、技术指标不一样,它们适用的市场也不完全一样。这里介绍一些近年典型的数字印刷机的特点,供选用时参考。

### 3.4.1 HP Indigo 系列数字印刷机

以色列 Indigo 公司于 1993 年推出了世界上第一台数字式彩色印刷机——E-Print1000 型,在印刷业掀起了一场新技术革命。Indigo 数字式彩色印刷技术改变了传统的印刷过程,它把计算机网络、数据处理、激光成像、液体电子油墨新材料等高新技术巧妙地结合在一起,创造了一个与传统印刷迥然不同的印刷新概念。2001 年 9 月,惠普获得所有 Indigo N. V. 的发行股票。2002 年 3 月惠普彻底收购了 Indigo 公司,并推出一系列数字印刷机新品,凭借其著名的企业品牌、先进的印刷技术、独特的数字印刷工艺、顺畅的产品营销渠道,集成 Indigo 的技术与产品优势,HP Indigo 推动了数字印刷领域的快速发展。

1. HP Indigo 数字印刷机的基本工作原理与特点

Indigo 数字式印刷机在技术上保持了传统印刷机的精华,主机有版滚筒、橡皮滚筒和压印滚筒,利用有橡皮转印的间接印刷方式,有压印过程,保持了胶印液体油墨的特点,同时又引进了电子液体油墨的印刷新概念,利用了物理静电的排斥和吸引过程,仅靠一组印刷机构就完成四色印刷的转印过程。可以在完成一页四色图像稿印刷之后,马上进行第二页另外一个四色图像稿的印刷。

Indigo 系列数字印刷机基本工作原理如图 3-17 所示。网络或

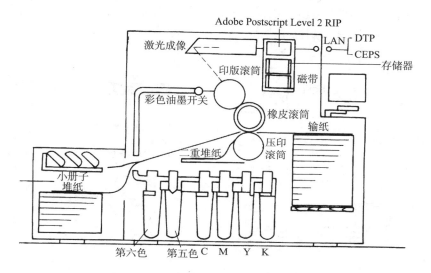

图 3-17 **HP Indigo 数字印刷机基本工作原理**

磁介质接收到电子印前系统做好的印刷电子文件后,对数据进行 RIP 处理,再利用激光成像系统在成像版上形成光电网点图像,图像带有负电荷;喷墨装置将带有正电荷的电子油墨喷射到成像版上,由于异性电荷的相互吸引,在成像版上迅速形成油墨图像,继而转印到橡皮布上,再通过压印和静电作用使像皮布上的油墨 100% 地转印到纸或其他介质上。Indigo 印刷机采用独特的电子液体油墨,只有一组滚筒就可完成 4 色或 6 色印刷。在转印过程中,版滚筒按照色序每旋转一周印一种颜色,而橡皮布上不残留任何墨迹。

如图 3-18 所示,将 Mac 计算机处理好的 PS 文件送入工作站,由内置的 RIP 对 PS 文件进行栅格化处理,将图像文件转换成不同加网线数、加网角度和网点形状的点阵信息。用这些信息控制 6 束激光的"开"或"关",而在成像滚筒的有机光导体表面扫描,形成带正电的图文区域和不带电的非图文区域。当带负电的液体电子油墨喷出时,便被吸附到图文区域,接着图文被转移到橡皮滚筒上。此时,第一色便印刷到橡皮滚筒与压印滚筒之间的承印物纸张上,往复 4 次,便可完成四色套印,其印刷色序为 Y→M→C→K。

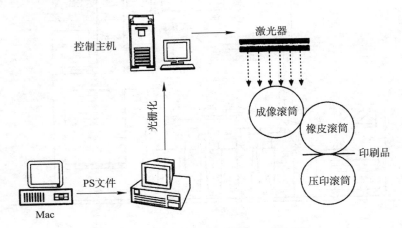

控制主机

激光器

光栅化

PS文件

Mac

成像滚筒

橡皮滚筒

印刷品

压印滚筒

**图 3-18　Indigo 数字式印刷机的工作流程**

数字彩色胶印是 Indigo 独特的数字印刷工艺,把液体油墨与高性能的数字成像技术结合起来,在吸收电子印刷机优点的同时提高胶印的质量。HP Indigo 数字印刷技术具有以下特点。

① 采用液体电子油墨。与固体墨粉颗粒相比,液体电子油墨的颗粒尺寸更小,形成的网点更加清晰、饱满,图像边缘锐化度很高,墨层比较薄,与纸张结合度好,可以充分表现不同承印物的特点。

② 色域广泛,通过了 Pantone 认证。HP Indigo 数字印刷机除 CMYK 标准四色配置之外,还提供第 5、第 6,甚至第 7 色的选项配置,增加了橘红色、紫色等基本色,提高了色彩的再现能力,可实现 95% 的 Pantone 色域范围再现。

③ 可提供白色油墨、荧光油墨和其他专色油墨。HP Indigo 提供专色墨配色系统,用户可以根据需要,事先配置出专色油墨,作为基本色进行特殊印刷。

④ 承印物范围不受限制。HP Indigo 数字印刷机可以适应多种

承印物,铜版纸、胶版纸、不干胶、透明胶片、塑料薄膜等不同性质的承印物都可以印刷。

2. HP Indigo 数字印刷机的典型机型

HP Indigo 推出的第一代数字印刷机是 E-Print1000 数字印刷机,如图 3-19 所示。该机采用光导体版材,通过激光束扫描成像,印刷一次,扫描成像一次,每次印刷后,前次形成的潜像即消除,需重新扫描形成新的潜像。单张供纸可单双面印刷,纸张定量为 80～250g/m²,适合于 300～600 张的小批量印刷。其最大纸张尺寸为 320mm×457mm,最大印刷幅面为 308mm×437mm,印刷速度为 A4 单面单色 8000 张/时,单面四色 2000 张/时,双面四色 1000 张/时。

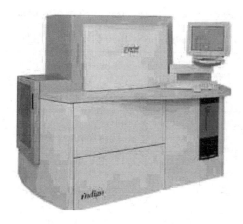

**图 3-19 E-Print1000 数字印刷机**

HP Indigo 在 E-Print1000 的基础上又陆续推出了多种在行业内很有影响力的机型,主要是 HP Indigo press 系列。

(1) HP Indigo press 1050 数字印刷机

HP Indigo press 1050 数字印刷机如图 3-20 所示,是一款 6 色数字胶印机,可进行标准的四色、六色以及荧光色专色印刷。其主要性能特点如表 3-1 所示。

**图 3-20　HP Indigo press 1050 数字印刷机**

**表 3-1　HP Indigo press 1050 数字印刷机性能特点**

| 印刷速度 | 四色双面 8.5″×11″ 幅面:2000 张/时<br>双色双面 8.5″×11″ 幅面:4000 张/时<br>单色双面 A4 纸:8000 张/时 |
| --- | --- |
| 图像分辨率 | 800dpi×800dpi;<br>800dpi×2400dpi(HDI 模式) |
| 加网线数 | 144(sequin),175lpi,195lpi,230lpi |
| 最大印刷尺寸 | 12.1″×17.2″ |
| 最大纸张尺寸 | 12.6″×18.2″ |
| 支持的图像格式和标准 | PostScript Level 3,PDF 1.4,TIFF,JPEG,EPS,JLYT 标准 PPML 带 HP 工作流程 |
| 四色印刷 | 青、品红、黄、黑 |
| HP 6 色印刷 | 青、品红、黄、黑、紫色、橙色 |
| 专色墨 | 荧光黄、荧光品红、隐形红墨 |

（2）HP Indigo press 3050 数字印刷机

HP Indigo press 3050 数字印刷机如图 3-21 所示,是一种能进行高分辨率印刷的七色数字胶印机,能精确地匹配 97% 的 Pantone 色,

**图 3-21 HP Indigo press 3050 数字印刷机**

并能在多种承印材料上印刷。

HP Indigo press 3050 型数字印刷机的主要性能特点如表 3-2 所示。

**表 3-2 HP Indigo press 3050 数字印刷机性能特点**

| | |
|---|---|
| 印刷速度 | A3 单色:8000 张/时<br>A3 四色:2000 张/时 |
| 图像分辨率 | 812dpi |
| 加网线数 | 144(sequin),160,175,180,230lpi(HDI) |
| 最大印刷尺寸 | 308mm×450mm |
| 最大纸张尺寸 | 320mm×470mm |
| 支持的软件平台 | Pentium 处理器、Windows NT 操作系统 |
| HP Indigo RIP | Adobe PostScript 3 |
| 网络 | 100 Base-T |
| 基本配置 | 15″液晶显示器<br>CD-ROM 软驱<br>ORB 驱动器<br>单色个性化 |
| 工作环境要求 | 温度:20～25℃,湿度:50%～70% |
| 可选配置 | 电子配页,自动双面印,彩色个性化 |

（3）HP Indigo press 5000 数字印刷机

HP Indigo press 5000 是一种高效的全自动数字印刷机,如图 3-22 所示,它采用高性能的 RIP,可进行色彩管理,实现可变数据印刷。它也有橡皮布,印刷时橡皮布会被加热到 100℃,将电子墨熔化成薄状漂浮似的塑胶层,转移到纸张上时,由于纸张是处于室温状态,因此电子墨碰到纸张就马上固化,也因此可以毫不残留在橡皮布上,以方便下一次的转印。

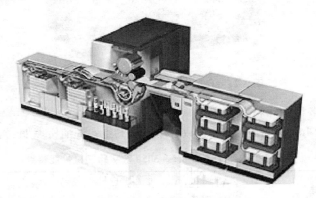

**图 3-22　HP Indigo press 5000 数字印刷机**

在供墨方面,除了常规的四原色,还有三种专色可以选用,也可以直接买到混合好的 Pantone 颜色的电子墨,达到六色印刷的效果。HP Indigo press 5000 数字印刷机的主要性能特点如表 3-3 所示。

**表 3-3　HP Indigo press 5000 数字印刷机性能特点**

| 印刷速度 | A4 纸双面 4 色印刷:4000 张/时<br>A4 纸双面单/双色印刷:8000 张/时 |
|---|---|
| 图像分辨率 | 812dpi×812dpi,812dpi×1624dpi(HDI 高精度成像模式) |
| 加网线数 | 144lpi,160lpi,175lpi,180lpi,230lpi |
| 最大印刷图像尺寸 | 308mm×450mm |
| 最大纸张尺寸 | 320mm×475mm |

| | |
|---|---|
| 图像可支持格式 | PostScript Level 3，PDF 1.4，PDF/X-1a：2001，PDF/X-3：2002，TIFF，JPEG，EPS，PPML，JLYT |
| 纸张 | 涂布：70～350g/m²<br>非涂布：65～300g/m² |
| 输纸装置 | 三纸台带输纸飞达<br>双纸台 245mm 厚的纸堆<br>一单纸台 85mm 厚的纸堆<br>可以实现 4 纸路 12 张纸的输纸 |
| 收纸装置 | 主收纸台 600mm 纸堆高度<br>附收纸台 25mm 纸堆高度<br>支持 4 纸路 4 收纸台收纸 |
| 工作环境 | 温度：10～32℃，湿度：15％～85％ |
| 软件平台 | Microsoft Windows XP Professional |
| 硬件平台 | 2.8 GHz Pentium 4 处理器<br>160 GB 硬盘<br>1 GB 内存，可扩充到 4 GB<br>15″液晶显示器<br>DVD＋RW/CD-RW<br>图像记忆盘：2 个 36 Gbyte 的驱动盘可以提供 70 Gbytes 的图像储存 |
| 网络协议 | TCP/IP |
| 物理网络联结 | 10BT/100BT/1000BT |
| 支持系统 | Microsoft Windows：2000，XP Professional，2003 Server，Macintosh：OS X v10.2 |

（4）HP Indigo press w3200 数字印刷机

HP Indigo press w3200 数字印刷机如图 3-23 所示，是一款七色数字转筒纸轮转印刷机，可进行常规四色、HP 五色、六色、七色印刷，还配置有 HP 油墨混色系统。其主要性能特点如表 3-4 所示。

**图 3-23 HP Indigo press w3200 数字印刷机**

**表 3-4 HP Indigo press w3200 数字印刷机性能特点**

| 印刷速度 | 四色双面 A4 纸:8000 张/时<br>单色双面 A4 纸:16000 张/时 |
|---|---|
| 图像分辨率 | 800dpi×800dpi<br>800dpi×1600dpi(高精度印刷) |
| 加网线数 | 144lpi,160lpi,180lpi,230lpi |
| 最大印刷尺寸 | 303mm×450mm |
| 最大纸张尺寸 | 纸张宽度:330mm<br>最小重复长度:225mm(四色印刷)<br>最大重复长度:470mm |
| 支持的图像格式和标准 | PostScript Level 3,PDF 1.3,TIFF,JPEG,EPS |
| 印刷色 | 四色印刷:青、品红、黄、黑<br>HP6 色印刷:青、品红、黄、黑、紫色、橙色<br>扩展颜色:HP IndiChrome 5 色,6 色,7 色<br>HP IndiChrome 油墨混色系统 |

### 3.4.2 富士施乐数字印刷机

1. 富士施乐数字印刷机基本工作原理与特点

富士施乐的数字印刷机分为 DocuTech 和 DocuColor 两个系列，DocuTech 系列是黑白印刷机系列，DocuColor 系列是彩色印刷机系列。

（1）富士施乐 DocuTech 系列

富士施乐的 DocuTech 系列有 DocuTech 75、DocuTech 6100、DocuTech 6135 和 DocuTech 6180，印刷速度分别为 75 页/分、96 页/分、135 页/分和 180 页/分（均为 A4 单面）。它们都由控制器、打印引擎部分、供纸机构、收纸机构、装订机构组成。

控制器部分：控制器是数字印刷机的心脏，它接收从前端电脑或网络传来的印刷内容。DocuTech 系列的控制器可接收作业复杂程度高、作业数据量大、用各种软件制作的文件。接收文件后，控制器将其解释为打印引擎能接受的物理点阵信息——用 0 或 1 代表黑或白、有网点或无网点。然后指挥打印机的动作，包括进纸、打印、插页、装订、分套等。DocuTech 能同时输入不同的纸张，同一个作业中可以既打印单面又打印双面，并能分层装订。控制器的所有接收、解释、控制功能都是同步完成的。富士施乐的高速打印机控制器采用 Sun 工作站作为平台。在 Sun 工作站上安装富士施乐的控制器软件 DocuSP，称之为 DocuSP 工作站。

打印引擎部分：打印引擎部分的功能是将墨粉涂到纸上，快速地完成显影、定影的过程。DocuTech 打印机最快打印速度为 180 页/分（A4），同时能接受 $60\sim200\mathrm{g/m^2}$ 的各种不同厚度的纸张，运行顺畅，卡纸率低。

供纸和收纸机构：DocuTech 的供纸和收纸机构充分考虑到了生产型环境的要求，装纸盒容量大；无人值守时间延长；进纸采用吸风原理，防止卡纸和进双张；多个进纸点，能在一个作业中输入不同的纸张。

装订部分：DocuTech 数字印刷系统配有多种装订方式，其联机平订、热熔胶订能满足大部分普通文件装订的要求。配上连线的骑马订或无线胶订，更能满足大规模数字文件生产的要求。

（2）富士施乐 DocuColor 系列

富士施乐 DocuColor 系列数字印刷机采用了数字橡皮布（Digital Blanket，DB）的新技术，将四个机组中的每一色图像，首先转移到数字橡皮布 DB 上，然后从数字橡皮布 DB 上将整个四色图像通过一次压印转移到承印物上。

数字橡皮布和一次压印方法改善了色彩套印精度,并且获得了更好的压印效果。由于可以采用更大的压印力,从而图像转移效果更好。这种 DB 方法与采用单一橡皮滚筒印刷的印刷机非常相似。

DB 技术的优点不仅在于将图像转移到承印物上时可以施加更大的压力,而且可以使用更宽范围定量和类型的承印物。一般情况下,在图像被直接从鼓上传递到承印物上时,由于用来传递色料的压力有限,因此可采用的承印物在粗糙度及定量方面受到了限制。而采用DB 技术后,图像转移可以采用更大的压印力,从而可满足更为粗糙及定量更高的承印材料的印刷。

2. 富士施乐数字印刷机的典型机型

(1) DocuColor 2060 彩色数字印刷机

DocuColor 2060 彩色数字印刷机如图 3-24 所示,它采用了多项先进技术,其彩色数字印刷的质量可以与胶印媲美。DocuColor 2060系统具有广泛的纸张处理能力,系统使用了增强的图像技术,大大降低了运行成本,并提高了生产速度和生产力。套准系统将图像对准纸张中央,两个套准感测器调整纸张的传递速度。TRACS 技术管理着复杂的传感器和软件,不断监控系统运行的各个方面,并在打印过程

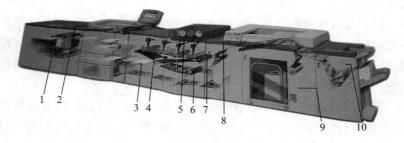

**图 3-24　DocuColor 2060 彩色数字印刷机**

1—纸盘;2—集成数码扫描仪;3—套准系统;

4—TRACS/1-TRACS;5—滴管添加显影技术;6—BeltNip 定影和 LOFT;

7—防卷曲设备;8—数码橡皮布;9—堆纸器;

10—堆叠/装订器

中,即时进行图像质量的调整。利用精确的硅油控制,提高图像质量。三个防卷曲设备可稳定可靠地输出平整的印张。堆纸器具有 3500 页纸张容量,上纸盘容量为 500 页,交错堆叠输出文件。DocuColor 2060 数字印刷机的主要性能特点如表 3-5 所示。

表 3-5　DocuColor 2060 数字印刷机的特点性能

| | |
|---|---|
| 印刷速度 | $64\sim80g/m^2$ 厚度 A4 幅面纸张:45 页/分<br>$80\sim135g/m^2$ 厚度 A4 幅面纸张:60 页/分<br>$136\sim220g/m^2$ 厚度 A4 幅面纸张:30 页/分<br>$221\sim280g/m^2$ 厚度纸张和透明胶片:22.5 页/分 |
| 印刷图像分辨率 | 600dpi×600dpi×8bit(8 位色彩深度),连续色调 |
| 加网方式 | 600 线网屏,300 线网屏,200 旋转线网屏,200 集合点线网屏,150 集合点线网屏 |
| ColorBridge 技术 | LOFT(低硅油定影技术)<br>Digital Blanket(数码橡皮布)<br>TRACS(墨粉复制自动调整系统)<br>I-TRACS(智能化墨粉复制自动调整系统) |
| 图像功能(需配合集成化扫描仪使用) | 自动图像旋转<br>• 打印和作业设置可以同时进行<br>• 四种彩色模式——自动、四色、三色、黑白<br>• 图像质量控制<br>• 色相、彩色平衡、色品、清晰度调节<br>• 输出时打印面向上或者向下<br>• 照片模式、地图模式、文本模式、文本和照片模式 |
| 可选部件 | 2500 页纸张容量的大容量纸盘<br>4000 页纸张容量的大容量堆叠器 |

(2) DocuColor 6060 数字印刷机

DocuColor 6060 数字印刷机以 DocuColor 2060 为基础,并在各方面进行了改进,如图 3-25 所示,主输纸器组件实现以前所未有的高速度,打印薄纸和厚纸能力的第一步。两个 2000 页纸盘可容纳所有材料、所有尺寸和 $64\sim300g/m^2$ 的纸张。改进后的进纸辊和减速辊提高

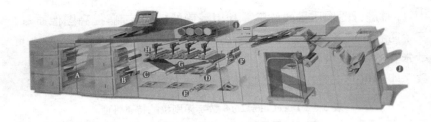

**图 3-25 DocuColor 6060 数字印刷机**

A—输纸器模块；B—J 形输纸区；C—纸道；D—定影器；
E—不锈钢反转器和双面纸道；F—输出卷曲消除器；
G—中间输送带输送区；H—静电成像功能；
I—运行中加粉；J—文件整理结构（DFA）兼容

了输纸可靠性。添加辅助输纸模块，可扩大纸张容量，使总容量达到8000 页，可打印最多四种不同尺寸的混合作业。最新设计的 J 形输纸区进一步提高了已经非常出色的图像质量。刷子清除了纸粉，也提高了图像质量。J 形输纸区的回转半径加大，提高了高速输送厚纸的可靠性。纸道对于保证 DocuColor 6060 彩色数码印刷系统的基准图像质量和速度具有重要的作用。辅助真空输送部件适合以更快的速度，打印更厚的纸张。客户可设定按 ±0.6mm 微调图像的位置。油料辊和新型定影器输送带解决了传统数码打印中存在的问题。附加外部加热辊增加了热量，使图像迅速在厚纸上定影，从而提高了 DocuColor 6060 彩色数码印刷系统的打印速度。定影器是正常打印的一部分，可由客户更换，不必等待技术支持。印刷机新增了一张不锈钢挡板，提高了机器的可靠性和使用寿命。自动卷曲消除装置，添加一个附加自定义设置，可为常用纸张定义特定的参数。新型输送带跟踪传感器确定了输送带的准确位置和图像在输送带上的位置。定位套准达到了前所未有的水平。统一的图像转印密度和连续的内外滚轮压力，保证了输出质量。电晕器导线是感光鼓充电、成像不可分割的部分。为达到最高图像质量，电荷必须精准、连贯，DocuColor 6060 彩色数码印刷系统上的金质电复器电线，降低了对湿度和空气污染物的灵敏性。感光鼓模块中的静电刷能在图像之间彻底清理感光鼓,获得干净原始的打印图像。输送带标记(MOB)确保在另一个中间输送带顶部的色彩准确定位,色彩的定位套色极为精确。加墨粉时不必使 DocuColor 6060 停机,更换新墨粉罐时,墨粉量还能够打印 5000 页。文件整理结构(DFA)是一项开放标准,定义了第三方设备与 DocuColor 6060 连接允许的逻辑和物理连接。

这种机型具有较高的性价比,集成的工作流数字扫描系统可同时存储 300 幅 $11''\times17''$ 彩色图像文件,它主要用于商业印刷、快印服务等领域。其主要性能特点如表 3-6 所示。

**表 3-6　DocuColor 6060 数字印刷机性能特点**

| | |
|---|---|
| 印刷速度 | $64\sim74g/m^2$ 厚度 A4 幅面纸张:45 页/分<br>$75\sim135g/m^2$ 厚度 A4 幅面纸张:60 页/分<br>$136\sim220g/m^2$ 厚度 A4 幅面纸张:45 页/分<br>$221\sim300g/m^2$ 厚度 A4 幅面纸张:30 页/分<br>透明胶片:22.5 页/分 |
| 印刷图像分辨率 | 600dpi×600dpi×8bit(8 位色彩深度),连续色调 |
| 加网方式 | 600 线网屏,300 线网屏,200 旋转线网屏,150/200 集合点线网屏 |
| ColorBridge 技术 | LOFT(低硅油定影技术)<br>Digital Blanket(数码橡皮布)<br>TRACS(墨粉复制自动调整系统) |
| 可选部件 | 4000 页辅助输纸器(SFM)<br>3750 页大容量堆叠器(HCS)<br>集成数码扫描仪<br>双面自动输稿器(DADF)*<br>* 需配合集成化的数码扫描仪 |
| 彩色打印服务器(RIP) | EFI 公司,Fiery EXP6000<br>克里奥公司,Spire CXP6000<br>施乐公司,DocuSP 6000XC |

续表

| 文件输入（需配合集成化的数码扫描仪） | 最大容量 300 页（A3 幅面） |
| | 25%～400%缩放 |
| | 页边距偏移 |
| | 书本复印 |
| 功能（需配合集成化的数码扫描仪） | 自动图像旋转 |
| | 打印、扫描和作业编程可以同时进行 |
| | 四种彩色模式——自动、四色、三色、黑白 |
| | 图像质量控制 |
| | 色相、彩色平衡、色品、清晰度细节 |
| | 正面朝上或正面朝下输出 |
| | 照片模式、地图模式、文本模式、文本和照片模式 |

（3）DocuColor iGen3 数字印刷机

DocuColor iGen3 数字印刷机如图 3-26 所示，它的主要技术特性是采用 SmartPress"智印"技术，"智印"技术包括"智印"成像技术、"智印"纸张处理技术、"智印"传感技术。"智印"成像技术的四个成像系统将 CMYK 干墨印在带电的图像载体上，干墨颗粒大小一致且分布均匀。内嵌的闭环印刷控制系统维持色彩一致性与色彩套准的准确性。每张印张的载体上都有色标与套准标记，在印刷过程中

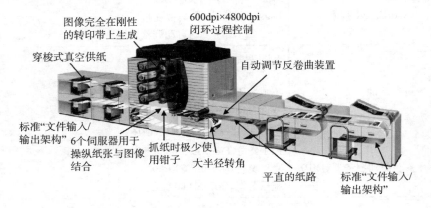

图 3-26　Xerox iGen3 数字印刷机

进行连续测量并根据需要做适当调整。SmartPress"智印"纸张库以电子方式存储每种纸的关键信息。SmartPress"智印"传感技术会一直监控整个印刷过程,系统内的智能控制记录纸张和系统部件状态,通过连续且实时的调整从进纸到装订的整个过程,优化整个系统的运行。

DocuColor iGen3 可以适应 $60\sim350g/m^2$ 的涂层纸(光泽、亚光、无光、丝光)、未涂层纸、纹路纸、特殊纸张再生纸、穿孔纸,插图标签、透明胶片、标签,包括半切带功能、合成纸等各种不同类型的纸张,并以额定速度支持不同尺寸纸张作业。Xerox iGen3 数字印刷机主要用于短版印刷、按需印刷、书籍、卡片、手册、购物指南等领域的印刷。其主要性能指标如表 3-7 所示。

表 3-7　Xerox iGen3 110 数字印刷机性能特点

| | |
|---|---|
| 印刷速度 | A4:最高 6000 张/时(每分钟 100 印)<br>A3 双面:最高 3000 张/时 |
| 印刷图像分辨率 | 600dpi×4800dpi |
| 加网线数 | 150lpi,175lpi,200lpi,调频网,均使用 256 灰度级 |
| 印刷色 | 品红、黄色、青色、黑色 |
| 最大成像区域 | 361mm×519mm |
| 纸张尺寸 | 最大纸张尺寸:364mm×521mm<br>最小纸张尺寸:178mm×178mm |
| 供纸能力 | 最多 6 个供纸模块<br>最多 12 个纸盘<br>每一纸盘装载 254mm(2500 张 120g/m² 纸张)<br>纸张可放在任何纸盘里 |
| 收纸能力 | 最多四个接纸盘<br>每个接纸盘附带两个手推车<br>集中接纸盘手推装载 305mm(3000 张 120g/m² 纸张)<br>顶部接纸盘<br>分页偏移堆叠 |

续表

| 后处理插入器 | 一个插入器模块,两个纸盘<br>能够在定影过程之后给作业增添插页材料<br>适于涂层封面及特种纸张 |
|---|---|
| 联机完成装订 | 配以 Xerox SquareFold™ 的小册子印制器;<br>施乐手册+书籍工厂胶装;<br>覆膜配以 GBC Fusion Punch II™ |

（4）DocuColor 5252 数字印刷机

DocuColor 5252 数字印刷机如图 3-27 所示,它具有数字扫描系统,能同时存储 300 幅 $11''\times17''$ 的全彩色图像文件,可实现印刷品和颜色的前后一致,从而获得高质量的印刷效果,主要用于商业印刷和快印服务业,适合于不同尺寸的彩色印刷。其主要性能特点如表 3-8 所示。

图 3-27　DocuColor 5252 数字印刷机

表 3-8　DocuColor 5252 数字印刷机性能特点

| 印刷速度 | $64\sim74g/m^2$ 厚度 A4 幅面纸张:45 页/分<br>$75\sim135g/m^2$ 厚度 A4 幅面纸张:60 页/分<br>$136\sim220g/m^2$ 厚度 A4 幅面纸张:45 页/分<br>$221\sim300g/m^2$ 厚度 A4 幅面纸张:30 页/分<br>透明胶片:22.5 页/分 |
|---|---|

续表

| 印刷图像分辨率 | 600dpi×600dpi×8bit(8 位色彩深度),连续色调 |
|---|---|
| 加网方式 | 600 线网屏,300 线网屏,200 旋转线网屏,150/200 集合点线网屏 |
| ColorBridge 技术 | LOFT(低硅油定影技术)<br>Digital Blanket(数码橡皮布)<br>TRACS(墨粉复制自动调整系统) |
| 图像功能(需配合集成化的数码扫描仪) | 自动图像旋转<br>打印、扫描和作业编程可以同时进行<br>四种彩色模式——自动、四色、三色、黑白<br>图像质量控制<br>色相、彩色平衡、色品、清晰度细节<br>正面朝上或正面朝下输出<br>照片模式、地图模式、文本模式、文本和照片模式 |
| 文件输入(需配合集成化的数码扫描仪) | 最大容量 300 页(A4 幅面)<br>25%～400%缩放<br>页边距偏移<br>书本复印 |
| 可选部件 | 4000 页辅助输纸器(SFM)<br>3750 页大容量堆叠器(HCS)<br>集成数码扫描仪<br>双面自动输稿器(DADF)*<br>* 需配合集成化的数码扫描仪 |

（5）DocuColor 8000 彩色数字印刷机

富士施乐 DocuColor 8000 彩色数字印刷机如图 3-28 所示,是具有十几年历史的富士施乐彩色数字印刷解决方案家族中的最新成员。它是基于 DocuColor 6060 和 DocuColor 2060 系列彩色数字印刷系统的坚实基础上而创建的,新的 DocuColor 8000 是对生产力、可靠性、灵活性、图像质量和价值的理想结合。它具有两个端口可选择,可实现数字加网,改进的套准技术和传统的纸张定位调节功能可实现高质量的双面输出,能在多种承印材料上印刷,如涂布纸(光面纸、亚光纸、无光纸、丝光纸)、非涂布纸、专用纸、再生纸、针孔纸、裁切带耳纸、透明胶片、

图 3-28　DocuColor 8000 彩色数字印刷机

标签纸、Xerox DocuCard 合成纸，还支持混合纸张作业，纸张定量为 60～300g/m²。主要适于商业、服务业、数据中心等的印刷业务，可用于按需印刷、数字打印、书刊印刷、个性化印刷、跨媒体和个性化出版、处理日渐增多的通信信息等。DocuColor 8000 的主要性能特点如表 3-9 所示。

表 3-9　DocuColor 8000 彩色数字印刷机性能特点

| | |
|---|---|
| 印刷速度 | 60～135g/m² 厚度 A4 幅面：80 页/分 |
| | 136～220g/m² 厚度 A4 幅面：60 页/分 |
| | 221～300g/m² 厚度 A4 幅面：40 页/分 |
| | A4 全彩色单面：最多 4800 页/时 |
| | A3 全彩色单面：最多 2400 页/时 |
| 印刷图像分辨率 | 2400dpi×2400dpi（1 位色彩深度） |
| 加网线数 | 150 集合点线网屏，200 集合点线网屏，200 旋转直线网屏，300 集合点线网屏，600 集合点线网屏，调频网 |
| 纸张尺寸 | 最大纸张尺寸：320mm×488mm |
| | 最小纸张尺寸：182mm×182mm |
| 最大可成像区域 | 315mm×480mm |
| 新技术 | 可定制的定位调整 |
| | 定制纸张设置 |
| | 全数码网屏 |
| | 充电电晕管清洁组件 |
| | 新的成像系统 |
| | 增强的供纸功能 |
| | 改进的正背套准 |

### 3.4.3 赛康(Xeikon)数字印刷机

比利时 Xeikon 公司自 1988 年成立以来,一直致力于数字印刷机的研究与开发工作。1988 年至 1993 年,Xeikon 公司开始研制彩色数字印刷机,1993 年生产出第一代 DCP/1 彩色数字印刷机(Digital Color Press,DCP),1994 年 DCP/1 被推向市场。DCP/1 彩色数字印刷机的输出方式采用卷筒纸方式,其特点是将印前和印后合为一体,无须晒版、打样,数据输入、样张输出一次通过,双面印刷。

1996 年 Xeikon 公司开发出第二代 DCP32/D 彩色数字印刷机,其输纸方式仍为卷筒纸,印刷幅面为 32 英寸,双面印刷。Xeikon 第二代彩色数字印刷机采用了该公司独有的粉末固化技术,通过加热、制冷、加压、制冷,使产品质量基本达到了胶印的效果。随后 Xeikon 公司又接着推出了 DCP32/S 单面彩色数字印刷机、DCP 50D 大尺寸彩色数字印刷机、DCP 50S 单面大尺寸彩色数字印刷机等二代机型。

2000 年 Xeikon 公司开发出其第三代产品,即 CSP 320D 单张纸彩色数字印刷机和 DCP 320D、DCP500D 卷筒纸彩色数字印刷机。Xeikon 第三代数字印刷机已经完全支持可变数据印刷,且使用了更好的色粉,还增加了加热滚筒,使双面的固化都达到比较好的效果,色粉分布也更均匀,满版印刷显得更平服。

Xeikon 数字印刷机的分辨率为 600dpi,但由于每一个网点的深度为 4,所以相当于 2400dpi,完全可以胜任高质量彩色复制的要求,Xeikon 数字印刷机的内部结构上采用了 8 个磁鼓,所以,印刷时能够一次通过、双面印刷,并且双面印刷的精度非常高。

Xeikon 最新推出的是 Xeikon5000 数字印刷机。Xeikon5000 数字印刷机于 2004 年 5 月 Drupa 印刷展上首次推出,并在 2005 北京国际印刷展上首次亮相。它采用了当前最先进的数字印刷机设计理念和结构,继承并发扬了赛康数字印刷机高质量、高生产力、低成本的特性,特别适用于包装印刷、标签印刷、交易账单、防伪及个性化、可变数据的大批量印刷,还可进行一次双面印刷。

赛康 5000 是卷筒纸彩色数字印刷机,如图 3-29 所示,可实现纸张宽度为 500mm,长度无限的连续可变印刷,并可实现高精度正反两面套印。赛康 5000 彩色数字印刷机主要性能特点如表 3-10 所示。

图 3-29　赛康 5000 数字印刷机

表 3-10　赛康 5000 彩色数字印刷机性能特点

| 卷筒纸印刷速度 | 16cm/s |
| --- | --- |
| 单张纸印刷速度 | 四色双面印刷<br>$40\sim170g/m^2$ 纸:7800 张/时<br>$170\sim250g/m^2$ 纸:6000 张/时<br>$250\sim350g/m^2$ 纸:4200 张/时 |
| 印刷图像分辨率 | 600dpi(4bit) |
| 印刷图像宽度 | 483mm |
| 纸张宽度 | $500\sim508mm$ |
| 纸张质量 | $40\sim350g/m^2$ |
| 印刷技术 | LED 阵列,电子照相技术 |

### 3.4.4　柯达 NexPress2100 数字印刷机

柯达 NexPress2100 数字印刷机如图 3-30 所示,它最早由海德堡

**图 3-30　NexPress2100 数字印刷机**

公司和柯达公司共同研究而成,后海德堡公司将其股份全部转让给柯达公司。由于海德堡公司的参与,NexPress 2100 更接近于真正的印刷机,在缩短生产周期、短版彩色印刷、按需印刷、互联网市场、电子商务、改版、定制、100％可变内容的个性化出版等方面具有较明显的优势。

NexPress 2100 的核心是 NexStation™,它是一个多功能的数字前端,提供完整的工作流解决方案,内设诊断系统,提供印机管理功能。印刷机的所有操作都是通过 NexStation 控制的,帮助操作人员提高生产效率。NexStation 使用 Adobe® Extreme 贯穿整个生产过程,无须将提交的文件转换成专有格式。Extreme™结构是在广泛接受的 PDF 和 PostScript® 文件格式基础上建立而成的,因此 NexPress 2100 是一个开放式的平台。

NexPress 2100 数字印刷机的主要性能特点如表 3-11 所示。

**表 3-11　NexPress 2100 数字印刷机性能特点**

| 印刷速度 | A3(350mm×470mm)幅面:2100 页/时<br>A4 幅面的彩色印刷:4200 页/时 |
| --- | --- |
| 纸张尺寸 | 最大:350mm×470mm<br>最小:210mm×279mm |

续表

| 最大成像尺寸 | 340mm×460mm |
|---|---|
| 印刷图像质量 | 600dpi,多位 |
| 四色印刷 | 黑、黄、品红和青 |
| 承印材料 | 纸张、金属铂和透明片基,纸张厚度 $80\sim300g/m^2$ |
| 印刷技术 | 干式静电成像<br>NexBlanket 橡皮滚筒成像转移<br>单张纸<br>利用 NexQ SEP 自动翻页 |
| NexQ 质量控制 | NexQ 闭环工艺控制系统<br>NexQ SEP(同边双面印刷)<br>NexQ ECS(环境控制系统)<br>NexQ ASP(自动纸张定位器) |
| 内部数据格式 | Adobe PDF® 格式 |
| 置入格式 | Adobe PDF® 格式和 Adobe PostScript® 语言 |

### 3.4.5 曼罗兰数字印刷机

在进行了大量的市场调研和充分的技术准备之后,曼罗兰公司在 Drupa 2000 期间推出了自己的数字印刷机——DICOweb,如图 3-31 所示,它是一种可重复成像的无版数字印刷机。

**图 3-31 DICOweb 数字印刷机**

1. DICOweb 数字印刷机的特点

DICOweb 是曼罗兰的 DICO 系列数字印刷机中的第一款设备。它的独特之处在于全新的成像技术、可变开本和平台式设计。该机采用开放式的工作平台,实现了从印前、印刷到印后的全自动化的工作流程。

(1) 成像技术

DICOweb 的成像管理技术分为 3 个全自动的步骤,如图 3-32 所示,实现了自动工作转换且无须印版。

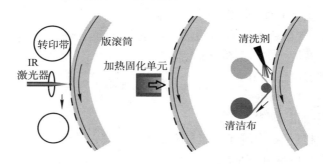

图 3-32　DICOweb 成像技术

成像:通过 Creo/Scitex 的 SQUAREspotTM 热成像技术,将来自印前工作流程的图像数据通过激光扫描加热转移到印版滚筒上,形成热转移图像带。

调整:转移到滚筒上的材料通过加热固化单元进行加热固化,以使其在印刷过程中保持稳定不变。然后对版滚筒表面的非图像部分进行亲水化处理,就形成了可供印刷的印版滚筒了。

图像去除:印刷完毕,油墨和热转印材料用清洁剂和清洗剂去除,然后版滚筒就可以进行下一次成像印刷了。

DICOweb 的成像是直接在版滚筒上进行,而并没有真正的印版,而且版滚筒上的图像是可擦除的。因此,DICOweb 是无版数字印刷方式。

(2) 平台式设计

为了最大限度地提高灵活性,DICOweb 的平台采用了全新的设计。首先是模块化的结构设计,便于添加新的功能模块,且预置的接口使其添加新功能的工作较传统印刷机更简单、更快捷,也更便宜。其次是将设备的软件、成像技术和机械部分分别进行处理,分开处理的最大的优点是在对 DICOweb 的某一部分进行升级时,可以无须改动其他部分,因此费用大大降低。

（3）开本的可变性

DICOweb 采用了套筒式设计、滚筒独立驱动和滚筒轴承线形位移等项技术,所以可以通过改变滚筒间的距离,并使用不同规格的版套筒和橡皮布套筒,实现印刷开本的改变。

2. DICOweb 数字印刷机的主要技术指标

用纸宽度:300～520mm(卷筒纸);

印刷速度:3.5m/s;

裁切长度:可变;

机组数量:最多 6 组;

承印材料:各类胶印承印材料。

3. DICO 家族其他成员

DICOpage 是 DICO 系列数字印刷机的另一种机型,如图 3-33 所示,这是一款小型、快速的单张纸数字印刷机。与传统印刷机不同,在

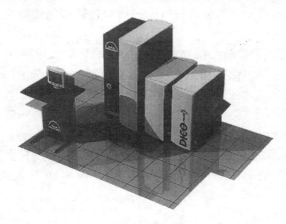

图 3-33　DICOpage 数字印刷机

DICOpage 中,数字数据从印前设备直接到纸张,省去了印前准备时间,而且可以实现可变资料印刷(每页内容均不相同)。这种设备只需一人操作,可以在纸张、薄膜、标签等材料上进行印刷,纸堆可以快速更换。DICOpage 可以提供高效、稳定的双面彩色印刷,调校速度快,套印准确。印刷质量高,投资相对较少,因此它是适应当前超短版印刷需要的理想设备。

DICOpage 的主要技术指标如下。

印刷幅面:460mm×308mm;

印刷速度:A4 幅面 960 页/时;

印刷方式:激光电子成像方式,使用干式色粉;

印刷颜色:双面 4 色;

承印材料:$80\sim300g/m^2$ 的各种纸张、薄膜、商标材料。

DICO 系列的再一个机型是 DICOPress,如图 3-34 所示,这种设备是专为满足快速交活的短版印刷而设计的。它采用与印前设备直接连接的形式,其采用的 DICOstream 软件提供了更快捷的短版解决方案。DICOPress 在个性化印刷市场上,具有极强的竞争力。

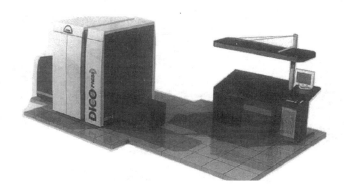

**图 3-34　DICOPress 数字印刷机**

DICOPress 的主要技术指标如下。

印刷幅面(卷筒纸):307.6mm 或 475mm;

印刷长度:最大 11m;

印刷速度:A4 幅面 3900 页/时;

印刷颜色:双面 4 色;

承印材料:80～250g/m² 的各种纸张、薄膜、商标材料。

# 数字印刷材料

数字印刷采用了与传统印刷完全不同的成像方式和工艺过程。根据数字印刷的成像原理可知,每一种数字印刷方式都采用了特定的成像材料,特别是数字印刷油墨与传统印刷油墨差异非常大。在承印物方面,虽然主观上要求数字印刷能适应普通承印物的印刷,但实际数字印刷并非在任何承印物上都能印刷出理想的图像效果。

## 4.1 数字印刷用纸

对数字印刷而言,理想的情况是应能在普通承印物上印刷,但由于数字印刷的成像原理及印刷油墨的特殊性,并非任何类型的纸张都能用数字印刷达到理想的质量,所以目前数字印刷主要还是采用涂布纸。

### 4.1.1 数字印刷涂布纸的要求

涂布纸是印刷常用纸种,它是在原纸上涂布一定量的涂料制成。对涂布纸的一般性能要求,主要集中在运行性和印刷性两个方面。运行性能是涂布纸最重要的性能,因为若纸张运行性能不好,印刷就无法正常进行。数字印刷涂布纸的挺度、平滑度和洁净度对运行性能影响最大。强度性能在自动给纸高速数字印刷设备印刷中,对涂布纸的运行性能影响也很大。印刷性能主要包括保真度和外观质量。外观质量包括亮度和颜色或色调。数字印刷用纸一般呈蓝白色。涂布纸表面平滑度对印刷性能影响巨大。对数字印刷用涂布纸的具体要求包括以下几方面。

（1）纸页表面平滑，呈白色或中白色。纸张的平滑度是获得高分辨率印刷图像的关键因素。当以 600dpi×600dpi 的分辨率输出时，在每平方英寸的区域里，有 360000 个点。最新的数字印刷机可以多种分辨率的网点来印刷，目的是提高印品的质量感觉。一个平整而光滑的印刷表面可以表现精细的网点变化，相对印刷质量较高；而在相对粗糙不平的纸张表面上，精细网点会产生丢失现象，可能会降低印刷的质量。

（2）纸页挺硬、强度高。在印刷过程中，纸张受到不同方向张力的作用，强度性质决定着纸张在印刷过程中受张力作用的结果：强度高，就能保证印刷操作的正常进行，否则就出现印刷故障。

（3）纸页亮度和光泽度高，洁净、不透明。纸页光泽度越高，越容易获得理想的印刷密度。

（4）适量的含水量和均匀的导电性。数字印刷用纸对于环境十分敏感，高水分含量会造成表面的不平整和斑点等瑕疵。均衡的、控制在一定范围内的导电性可以避免斑点等瑕疵，保持成色稳定性和颜料的良好附着性。

（5）采用计量施胶压榨进行微涂布，并可进行双面打印。

为满足数字印刷的要求，数字印刷用纸几乎都是用高白度的漂白硫酸盐法化学木浆制造的，具有均匀的蓝光白色。生产数字印刷纸一般采用漂白针叶树硫酸盐法木浆与漂白阔叶树硫酸盐法木浆相互搭配，制成的纸页具有良好的强度、不透明度、松厚度、挺度和白度，且组织均匀，纸面平滑、洁净，没有纤维束、斑点和尘埃，不掉毛掉粉，有良好的光学性能和印刷性能。在制造过程中，一般还要添加一定的填料，如沉淀碳酸钙等。

数字印刷纸都采用中性造纸和中性施胶，并应用各种化学助剂，如助留剂、增强剂、润滑剂等。有报告说，非涂布的喷墨印刷纸采用不同的施胶剂，可以产生不同的效果，因此生产中合理选用施胶剂是必要的。助留剂是数字印刷纸生产中另一种常用助剂，如用再造纤维纸浆造纸，为了补偿纤维强度不足，可使用淀粉或合成树脂增强剂提高成纸的强度。

### 4.1.2 喷墨打印专用纸

喷墨印刷的承印材料种类很多,如纸张、塑料和金属等,但印刷时必须选用与承印物相匹配的油墨。对纸张而言,为防止墨点在纸上扩散,一般采用涂料纸或高光相纸,即表面有一层极薄的透明涂层,这种纸既能快速吸取油墨,又能避免光的散射,这样喷上去的油墨,墨点易成圆形,印出的图像清晰、美观,色彩均匀,不易退色,从而取得理想的印刷效果。

1. 对喷墨打印纸的要求

根据喷墨印刷技术的原理,为获得理想的印刷效果,用于喷墨印刷的纸张应该满足以下要求。

(1) 要求有一定的拉力、挺度和平滑度,特别是纸张的紧密程度,既不能太紧密,也不能太疏松。因为这是直接影响印墨渗透、扩散和干燥的因素。当然,纸张的表面吸收性和施胶度也是至关重要的性能。除此之外,还要求纸张容易输送和耐摩擦。

(2) 在打印特性方面,要求喷墨打印纸印墨吸收能力强、印墨吸收速度快、印墨在纸上干燥快;墨滴在纸上形成的点直径小,"扩散因素"小,墨点形状要近似圆形,这样才能保证高的分辨能力。同时还要求打印后颜色的密度要大,密度阶调的连续性好,颜色鲜明,这样才能保证高质量的彩色打印效果。所以就必须首先保证纸面有能足够吸收印墨的毛细孔空隙量,并且要求细孔的形状、大小和分布比较均匀。

(3) 在保存性方面,要求图像有一定的耐水性、耐光性和图像室内外的保存性,以及纸本身的保存性,不变色和不退色等。

另外,由于现在喷墨打印机的种类很多,不同的打印机,其结构也不相同,对打印纸的要求也有所不同。

2. 喷墨打印纸的构成

喷墨打印机专用纸的构成可分为三层:纸基、涂层、防卷曲涂层。纸基主要成分由漂白浆与碳酸钙等组成。

表面涂层的作用是改进纸面均一性,提高成品适应性,以满足不同用途的性能要求。对喷墨纸而言，即吸收墨水要快，图形、图像要艳丽逼真，并具有一定的牢度。这种纸的涂层是高吸收的白色颜料和亲水树脂的混合物。涂层可分为粉质涂层和胶质涂层：粉质涂层为亚光面，表面较粗糙、着墨性好、墨水附着力强、色彩不鲜艳，多用于户外环境；胶质涂层为高光面，表面平滑、墨水附着力弱、色彩鲜艳，用于户内环境。表面涂层的主要成分有颜料、胶黏剂和树脂。颜料主要是一些有吸墨性的多孔性的白色矿物质颜料，或能在涂层中形成多孔性结构的材料，可以是高岭土、碳酸钙、二氧化硅、氧化锌、氢氧化铝、二氧化钛等。涂布纸所用的胶黏剂种类也很多，如聚乙烯醇、丁苯胶、羟甲、羧甲基纤维素和吡咯烷酮等，胶黏剂中加入适量低黏度羧甲基纤维素类，能防止颜料粒子的凝聚和沉降，以提高其涂料的流变性及混合均匀性。涂层中的树脂采用功能性高吸收树脂，它具有很好的耐候性、光泽度、附着力和保色性，它是喷墨专用纸很重要的成分。

防卷曲涂层吸附在基质上，用来防止打印过程中的纸张卷曲。

此外，在涂布纸料的配方中，还应加入一些助剂，如分散剂、湿润剂、消泡剂、紫外线吸收剂、抗氧化剂、保水剂、荧光增白剂等物质，可以根据需要加入一定的量。例如，分散剂可以使涂料中的颜料粒子充分分散；湿润剂可以改进涂料的流动性，使涂层颗粒分布均匀；涂层涂布均匀紫外线吸收剂和抗氧化剂有助于纸张本身和图像色泽抗老化和耐退色；加入阳离子表面活性剂则有助于提高图像颜色的鲜明度和抗水性等。

## 4.2　数字印刷呈色剂

数字印刷所采用的显色材料——油墨差异很大，现在数字印刷中所采用的印刷油墨主要有墨粉和墨水两大类，且每一种印刷设备都必须使用专用的墨粉或墨水。

### 4.2.1　数字印刷对呈色剂的要求

为使数字印刷能顺利完成高质量的印刷转移成像过程，数字印刷呈色剂必须具备与相应数字印刷技术相适应的性能。这些性能主要包括以下几方面。

（1）光泽度高。光泽度是指印张上膜面有规律地反射出来的能感觉到的细孔结构和平滑度、光泽度以及微观不平整度和墨层厚度。如果承印物表面平滑度高,则印迹墨层分布趋于均一且光滑。当光线入射时,墨层表面几乎成镜面反射,故能显现鲜明而光亮的色泽。因此一般要求呈色剂光泽度要好。然而适合于静电数字印刷的色粉光泽度一般不高,因为色粉颗粒的直径比较大,所以在图像的暗调和亮调区域会产生不同的光泽度表现。

（2）耐水、油和溶剂。数字印刷要求墨膜在水、油、溶剂等物质侵蚀下,能保持相对的稳定性。耐水、耐油性不好的印刷品在遇到水和油这类物质时,就会发生变色,影响印刷复制效果。耐溶剂性不好的印刷品将无法完成后续工序,如上光、覆膜等。耐溶剂性对于静电数字印刷术来说也是极其重要的。

（3）耐光、热。由于数字印刷品需要长期暴露在日光下,所以要求呈色剂具有较好的耐光性是非常重要的。有些数字印刷方式在印刷过程中或油墨干燥时需采用加热方式,因此要求呈色剂颜料必须能够承受高温而不变色。

此外,各种数字印刷呈色剂还必须在稳定性、pH 值、电导率、黏度、渗透性、表面张力、密度、不溶物、色差等方面与该复制技术相适应,并且还要求无毒、环保。从成像质量的角度考虑,数字印刷呈色剂经印刷成像后,要能在图文边缘清晰度、光学密度、干燥固着时间、与基材的黏附性、油墨墨滴的不偏离性、干燥油墨的防水性、防其他溶剂性及存放稳定性等方面满足相应要求,并要求长期使用不腐蚀或阻塞印刷器件如喷嘴等。

### 4.2.2　数字印刷油墨的种类及组成

数字印刷油墨的种类很多,根据数字印刷油墨的形态,可分为液态数字印刷油墨、固态数字印刷油墨、干粉数字印刷油墨和电子油墨等。

1. 液态数字印刷油墨

液态数字印刷油墨又分为水剂型数字印刷油墨和溶剂型数字印刷油墨。

（1）水性数字印刷油墨的组成及性能

水性油墨主要由溶剂、着色剂、表面活性剂、pH 值调节剂、催干剂及其他添加剂组成。

① 着色剂

水性油墨的着色剂的制造主要采用染料，因为对于水性油墨来说，染料可以在溶剂中完全溶解，以大分子的形式与溶剂很好地融合而显现良好的着色性。如偶氮染料、金属络合物染料、萘酚染料、蒽醌染料、靛蓝染料、酞亚胺染料、菁染料、喹啉染料、硝基染料、亚硝基染料、苯醌染料、萘醌染料、酞菁染料或金属酞菁染料等。

水性油墨的着色剂也可以采用颜料，但是由于颜料不溶于溶剂，所以保证其在溶剂中的分散稳定性及发色效果还需要其他成分和更高的技术要求。颜料分为无机颜料和有机颜料，包括碳黑、铬红、钼红、铬黄、钛黄、氧化铬、维利迪安颜料、钛钴绿、群青蓝、钴蓝、二酮吡咯并吡咯、蒽醌、苯并咪唑酮、蒽并嘧啶，以及偶氮类、酞菁类、士林类、紫苏酮类、硫靛类、喹酞酮类或金属络合物颜料等。

颜料或染料可以单独使用，也可将两种或两种以上的颜料或染料组合使用，颜料粒子的平均直径最好为 $50\sim500\text{nm}$，其含量根据油墨用途或印刷特性适当选择，为油墨总重量的 $1.0\%\sim10.0\%$。

② 溶剂

水性油墨的溶剂一般以去离子水为主溶剂，再添加适量的有机溶剂，有机溶剂含量为油墨总重量的 $0.1\%\sim1.0\%$，主要采用下列几类。

多元羟基醇：乙二醇、丙二醇、丁二醇、二乙二醇、三乙二醇、1,2-戊二醇、1,2,6-己三醇、硫代二甘醇、聚乙二醇和聚丙二醇。

二醇酯：甘油、多烷剂二醇、多羟基醇的低级烷基酯。

醇胺类：二乙醇胺、三乙醇胺。

酰胺类：二甲基甲酰胺、二甲基乙酰胺、二甲基亚砜和四氢噻吩砜。

酮或酮醇类:丙酮、环丁酮、N-甲基-2-吡咯烷酮、N-(2-羟乙基)-2-吡咯烷酮、2-吡咯烷酮。

醚类:四氢呋喃、二烷、乙二醇单甲醚、乙二醇单乙醚、二乙二醇单甲醚、二乙二醇单乙醚、二乙二醇独丁醚、三乙二醇单乙醚、三乙二醇二乙醚、三乙二醇二丁醚、四乙二醇二甲醚、四乙二醇二乙醚。

③ 表面活性剂

水性油墨通常使用的表面活性剂以苯磺酸盐、氧化烷基胺和胺盐、炔二醇及含氟表面活性剂为主,一般为油墨重量的 0.1%～1.0%,优选 0.5%。

④ 分散剂

对于以颜料为着色剂的油墨来说,为了保证其在水中的分散稳定性,需要在油墨中添加分散剂,通常使用水溶性颜料分散树脂,包括苯乙烯-马来酸共聚物、苯乙烯-马来酸-丙烯酸萘-马来酸共聚物、苯乙烯-马来酸半酯共聚物、乙烯基萘-丙烯酸共聚物、乙烯酸萘-马来酸共聚物等。相对于油墨总重量,分散树脂的浓度优选 0.05%～2.0%。

⑤ pH 值调节剂及其他调节剂

pH 值调节剂也叫缓冲剂,可以采用无机酸或无机碱。常用无机酸包括盐酸、磷酸或硫酸;有机酸包括甲磺酸、乙酸和乳酸;无机碱包括碱金属氢氧化物和碳酸盐;常用有机碱有氨水、三乙醇和四甲基乙二胺。

其他添加剂可根据油墨的具体使用要求而加入,如可添加紫外线吸收剂、金属螯合剂、消泡硅油等。这些添加剂的含量一般为油墨重量的 0.1%～1.0%,优选 0.5%。

(2) 溶剂型油墨的组成及性能

溶剂型油墨主要包含着色剂、溶剂、分散剂及其他添加剂等。

① 着色剂

溶剂型油墨中的着色剂可以使用与水性油墨种类和品名相同的颜料或染料。

② 溶剂

溶剂型油墨用溶剂一般以有机溶剂为主溶剂,并添加适量的水。常用有机溶剂是常温常压下为液体的二乙二醇化合物和二丙二醇化合物,二乙二醇化合物可以是二乙二醇醚(特别是烷基醚,如二乙二醇单甲醚);或二乙二醇酯(如二乙二醇单乙醚乙酸酯);也可以是包含聚乙二醇单醚化合物和其他极性有机溶剂,如醇类(甲醇、乙醇、丙醇等)、酮类(丙酮、甲乙酮或环己酮等)及羧酸酯类等。

二乙二醇化合物和二丙二醇化合物的混合比(重量比)在 20∶80~80∶20 之间,相对于油墨总重量,含量优选 85%~95%。

③ 分散剂

使用颜料作为着色剂时,应在油墨混合物中添加聚酯类高分子化合物作为分散剂。其优选用量为着色剂(特别是颜料)重量的30%~120%。

④ 其他添加剂

其他添加剂包括稳定剂(如抗氧化剂或紫外线吸收剂)、表面活性剂、黏合剂树脂及润湿剂。抗氧化剂可以使用 BHA(2,3-丁基-4-氧苯甲醚)或 BHT(2,6-二叔丁基对甲酚);紫外线吸收剂可用二苯甲酮类化合物或苯并三唑类化合物;表面活性剂可以使用任意一种阴离子型、阳离子型、两性或非离子型表面活性剂;黏合剂树脂有丙烯酸树脂、苯乙烯丙烯酸树脂、松香改性树脂、聚酯树脂、聚酰胺树脂、环氧树脂、聚乙烯乙酸乙烯酯共聚物、纤维素类树脂等。另外,使用润湿剂有助于防止油墨在喷头内干固或结皮,常用润湿剂有多元醇,如乙二醇、二甘醇、三甘醇、丙甘醇、四甘醇、聚乙二醇、甘油等,其用量为油墨混合物总重量的 5.0%~6.0%。

2. 固态数字印刷油墨

固态数字印刷油墨在常温下呈固态,主要应用于喷墨印刷,使用时经加热,使油墨黏度减小后喷射到承印物表面。其主要成分有着色剂、颗粒荷电剂、黏度控制剂和载体。

(1) 着色剂。固态数字印刷油墨采用液态油墨的颜料和不溶性染料作为着色剂。

（2）颗粒荷电剂。固态数字印刷油墨中的颗粒荷电剂包括金属皂、脂肪酸、卵磷脂、有机磷化合物、琥珀酰亚胺、硫代琥珀酸盐、石油磺酸盐或其混合物，主要作用是辅助荷电形成。

（3）黏度控制剂。包括乙烯乙酸酯共聚物、聚丁二烯、聚异丁烯或其混合物。

（4）载体。在固态数字印刷油墨中，载体的作用如同液态油墨中的溶剂，包括低熔点的蜡或树脂。蜡或松香选自低分子量的聚乙烯、氢化蓖麻油、石蜡、松香以及乙烯乙酸酯共聚物或其混合物。

3. 干粉数字印刷油墨

干粉数字印刷油墨是一种由颜料粒子、颗粒荷电剂和可熔性树脂混合而成的干粉状油墨。带有负电荷的墨粉曝光后，部分吸附于成像滚筒，形成图像，转印到纸张上，对纸张上的墨粉加热、定影，使墨粉中的树脂熔化，即可在承印物上形成图像。它与固态数字印刷油墨的最大区别是，在油墨到达纸张之前，始终保持粉粒状。

4. 电子油墨

电子油墨是可印刷涂布在处理过的片基材料上的一种特殊油墨，由微胶囊包裹而成。在每个微胶囊内有许多带正电的白色粒子和带负电的黑色粒子，正、负电微粒分布在微胶囊内的透明液体中。当微胶囊充正电时，带正电的白色粒子聚集在一面，显示为白色；当充负电时，带负电的黑色粒子聚集在一面，则显示黑色。这些粒子由电场定位控制，即该在什么位置显示颜色由一个电场控制，控制电场由带有高分辨率显示阵列的底板产生。

### 4.2.3　喷墨印刷油墨

大多数喷墨成像都采用水基油墨，而且呈色剂以染料为主，最终影像的形成取决于油墨与承印物的相互作用。因此，喷墨成像系统一般需要使用专用的承印物，以便实现油墨与承印物在性能上的最佳匹配。

1. 对喷墨印刷油墨的要求

喷墨印刷油墨是一种在受喷墨印刷机的喷墨口与承印物间的电场作用后，能按要求喷射到承印物上产生图像文字的液体油墨。它是一种要求很高的专用墨水，它必须稳定、无毒，不堵塞喷嘴，保湿性和可喷射性要好，对喷头等金属物件无腐蚀作用，也不为细菌所吞噬，不易燃烧和退色。

在油墨的印刷适性方面，由于喷墨印刷装置的特殊性，需要将直径仅为 $1\mu m$ 左右的微小墨滴以 30000～50000 滴/秒的喷射速度从喷嘴中喷出，这就要求喷墨印刷所用的油墨必须具有适合喷墨印刷的某些特殊性能，如油墨要求是低表面张力、低黏度、密度小，具有适当的电阻性，干燥性能好等。油墨还要能在吸收性和非吸收性的材料上干燥，而不在喷管上干燥。

因此，对喷墨印刷油墨的印刷适性应进行合理调整，以便印刷时油墨不产生堵塞喷嘴，而且在承印物上能准确地形成所需大小的点子，以便构成清晰的图像。

2. 喷墨印刷油墨的组成

与常用的印刷油墨一样，喷墨印刷油墨也是由呈色剂、连结料、挥发性溶剂及助剂所组成。

（1）呈色剂。呈色剂也就是通常所说的色料，包括颜料和染料，其作用是使墨水呈现不同的颜色，呈色剂的好坏直接影响打印质量。对彩色喷墨印刷来讲，三原色油墨所选择的呈色剂必须满足以下条件：其一是呈色剂的光谱波长要分别与黄（Y）、品红（M）和青（C）三原色色相一致；其二是三原色呈色剂应该具有合适的色彩范围，颜色要求标准，色彩鲜艳、饱和度高，并且不产生退色。另外还应具备良好的溶解稳定性，即溶于水时不发生分解变色；具有好的色彩还原性；有一定的耐光性，即在一般的光照条件下不发生分解变色；有一定的耐水性，即着色剂在水中的溶解度不能太大。从某种意义上来说，呈色剂决定了最终成品油墨的印刷适性和最终效果。用于喷墨印刷油墨中的呈色剂一般是水溶性的染料，主要包括酸性染料和直接染料。

（2）连结料。连结料赋予油墨流变学性质，其依据是黏度、流动性和墨滴的形成。当油墨印刷在承印物上后,连结料还必须像常用的印刷油墨那样赋予印刷品所要求的各种物理性质。连结料必须完全溶于溶剂中,其黏度在 $2\sim10CP$ 之间,浓度(重量百分比)在 20%以上。连续性喷墨印刷油墨常用的连接料树脂有:氯乙烯–醋酸乙烯共聚物、聚乙烯醇缩丁醛、酚醛树脂、苯乙烯–丙烯酸共聚物等。

(3) 挥发性溶剂。溶剂在印刷及油墨的制造中,主要是用来溶解成膜物质(各种树脂和固体物料)并使其保持液态(流体)。不同种类的树脂和固体化工原料,其溶解性各不相同;不同溶剂的溶解能力和蒸发速率也是各不相同的,因此要根据树脂和固体原料的种类及工艺要求,选择最佳的溶剂组合和配比。同时,在选用溶剂时,除了考虑其溶解性能外,还要考虑其残留气味、可燃性、毒性、色相、纯度等。溶剂一般采用去离子水和水溶性有机溶剂的混合物,如醇、多元醇、多元醇醚等,其作用是提高墨水的稳定性,使其黏度、表面张力等不易随温度变化而变化,促使在喷嘴处形成薄而脆的膜,印刷时易溶解而不堵塞喷嘴。另外,在气泡式喷墨打印机中,这些溶剂的加入能使墨水起泡稳定而均匀,以保证打印出良好的影像。除了溶剂的溶解性外,溶剂的蒸发速率是干燥成膜的关键之一,它直接影响树脂材料的成膜性质。一个混合体系的蒸发速率与其组分、浓度、温度有关。常用的溶剂有烃类溶剂、醇类溶剂、醚类溶剂、醚醇类溶剂、酯类溶剂、酮类溶剂、氯化烃类溶剂等。喷墨油墨中的溶剂主要有甲乙酮、甲基异丁基酮等,此外,通常还含有少量的助溶剂,如醇类、乙二醇醚类、二甘醇醚类、水等,以得到所需的黏度、表面张力和干燥性等。

(4) 助剂。喷墨印刷油墨常用的助剂有表面活性剂、pH 值调节剂、电导率控制剂、防腐剂、黏度调节剂等,这些助剂对油墨的性能起着重要的作用。

表面活性剂是指某些有机化合物,它们不仅能溶于水和其他有机溶剂,同时又能在相界面上定向并改变界面的性质。其作用是改变墨水的表面张力,使墨水的表面张力在适当的范围内。墨水的表面张力越低，则墨滴与纸张的接触角越小，喷出的墨滴在纸上形成的圆点直径越大，有助于提高墨水的覆盖率，得到高质量的图文。但表面张力过低，难以形成微小均匀的墨滴。表面活性剂溶液通常具有多种复合的功能，如清洗、发泡、湿润、乳化、增溶、分散等。

　　pH 值调节剂是用来调节和稳定喷墨墨水的 pH 值。由于喷墨印刷的油墨转移方式与一般印刷方法不同，喷墨印刷的墨水是通过金属喷嘴转移到承印材料上的，这就要求喷墨墨水必须保持中性或者弱碱性，以避免喷墨墨水对金属喷嘴的腐蚀，从而影响喷印效果。一般用于喷墨墨水 pH 值调节的有氨水、三甲氨、三乙醇胺、硫酸盐等。这几种物质可以单独使用，也可以几种混合使用。

　　催干剂即干燥剂，可以使喷墨墨水快速干燥。喷墨墨水的干燥时间一般要求为几微秒左右，这样才能使喷印出来的印刷图文迅速干燥，而不至于沾污与之接触的物质。喷墨墨水的催干剂一般采用一些挥发性比较强的物质，如乙醇、异丙醇，环己基吡咯烷酮等。

　　加入其他添加剂是为了改变墨水的某些性能。如加入金属离子螯合剂是为了避免重金属离子产生沉淀，减少喷嘴堵塞；加入防腐剂是为了防止墨水被腐蚀变质；加入水溶性聚合物是为了改变墨水在接受体上的黏附能力，打印出良好的图像。

　　喷墨印刷油墨一般有水基型油墨、溶剂型油墨和油性墨。水基型油墨既可以用染料，也可用颜料作为呈色剂。溶剂型油墨一般使用颜料，溶剂型油墨有适用于多种承印材料的优点，但有环境问题。水性油墨既不能加快干燥，又需要承印材料的表面给予特殊处理。

### 4.2.4　电子油墨

　　以电子油墨作为转移图文信息的中间介质的典型代表是 Indigo 数字印刷机，由此而导致复制效果和控制方法与胶印以及静电照相复制有相当大的差别。由于油墨从物理表象看呈液态，但液体中包含带电油墨颗粒,所以 HP Indigo 电子油墨的核心是带电油墨颗粒,它使电子控制数字印刷中印刷颗粒的位置成为可能。

1. HP Indigo 电子油墨的特点

Indigo 数字印刷机全部采用 Indigo 的独特液体电子油墨油墨。电子油墨的颗粒能达到极微小($1\sim2\mu m$),这样小的微粒使印刷能实现更高的分辨率和光滑度、锐化的图像边缘,并形成极薄的图像层。独特的电子油墨技术可使各种纸质表现出极为出色的彩色影像,使印刷的图文能在纸张上完美的呈现。与传统印刷相比,HP Indigo 电子油墨具有如下特点。

(1) 油墨颗粒大小可调

HP Indigo 电子油墨的颗粒能达到极小,只有 $1\sim2\mu m$,油墨颗粒的形状比较特殊,呈多触角形式,每个颗粒均有相对大的表面积,当受到挤压时,颗粒互相黏结,能够在承印物表面形成极薄的油墨层。HP 电子油墨可以根据印刷品质要求,得到最小的油墨颗粒。

(2) 图像边缘锐化程度高

在放大镜下看,可以很容易看到 HP Indigo 电子油墨的图像比碳粉技术的图像要锐利,在网点或字体的边缘,这种锐利程度更加明显。这是因为 HP Indigo 的成像方式和传统的平版印刷基本相同,而使用碳粉技术的印刷则要最后在碳粉上附上一层高温硅油,以防止碳粉脱落,因此在这种热附状况下,碳粉就会浸入图像的边缘,造成印品图像边缘精度差。而 HP Indigo 电子油墨颗粒小,且没有扩散,边缘锐利清晰。

(3) 网点增大轻微,色彩一致性好

使用 HP Indigo 电子油墨能够有效地控制网点增大。因为 HP Indigo 印刷机具有优良的校正功能,通过内置的网点增大补偿来校正变化的网点,使印刷的网点能在需要的范围内。另外,HP Indigo 数字印刷机能够自动调整最佳密度和网点的尺寸,从而保证每一张印刷品都有一致的色彩效果。

(4) 色域宽,不易退色

HP Indigo 电子油墨颜色是唯一被 Pantone 认可的数字印刷颜

色,可呈现 95％Pantone 色域的颜色。HP Indigo 电子油墨包括三大类:标准 CMYK 色、HP 6 色配置(增加了橙色和紫罗兰色)、HP Indigo 专色。为了提高客户的印刷附加值,HP Indigo 还开发了白色、荧光、特殊防伪等电子油墨。封装在电子油墨塑胶树脂中的色素颗粒会阻止色素化学成分被氧化或受湿气的影响,特别是在强烈的日光紫外线照射下,电子油墨比传统胶印油墨更有优势,甚至在水、酸性和碱性溶液中,电子油墨都不会退色,可保持恒久。

（5）即时干燥,适应性强

HP Indigo 的电子油墨在完成印刷之后,附着在承印物上即固化,无须进一步干燥处理,因为其在干燥时只需要 100℃即可,且相对低的温度使承印物不会因加热损坏或弯曲。HP Indigo 的电子油墨几乎能适用于所有的材料,如纸张、塑料、纺织品等诸多材料。

2. 电子油墨的颜色种类

Indigo 公司所开发的电子油墨颜色包括常规四色复制的标准套印油墨黄、品红、青、黑;满足超常规复制要求的 IndiChrome 宽色域六色成套油墨,在普通套印色基础上增加橘红色和紫色,可复制出常规四色套印无法复制的颜色;满足专色复制要求的 IndiColor 专色,利用基本油墨颜色的调和合成,可与 Pantone 定义的专色范围中的大多数颜色匹配;不透明白色基底油墨,用于在彩色承印材料表面印刷白色;荧光油墨及特殊防伪油墨等。

### 4.2.5　静电印刷色粉

色粉主要是由分散在热塑性树脂中的染料(碳黑或着色剂)组成,另外还加少量的电荷控制剂、表面活性剂等助剂。与传统油墨不同,色粉树脂的玻璃化温度大约为 65～70℃,树脂在该温度软化并流动。热塑性树脂一般是苯乙烯-丙烯酸酯共聚物。着色剂可以是黑色、青色、黄色或品红色染料,电荷控制剂(CCA)的作用是给予并控制所需要的静电荷,使色粉颗粒能够顺利到达光导鼓的图像区。

色粉颗粒的尺寸决定了图像的分辨率,颗粒越小,所能达到的分辨率就越高,但是颗粒太细,又容易产生较大的粉尘,污染环境。干性色粉的最小尺寸可控制为 $5\sim10\mu m$,接近烟尘颗粒的尺寸,在这个尺寸以下将会很难控制,容易漂移到空气中。为了得到更高的分辨率,色粉颗粒可以分散在液体中,这样亚微米的颗粒也能够使用,而不会出现粉尘。承载物可以是脂肪族烃或者是轻型矿物油,只要它具有非极性和绝缘的特点即可。

色粉的带电极性由感光版的光导材料特性确定,如氧化锌-树脂类的 N 型光导体系的潜影带负电,需采用带正电的色粉。无定型硒类的 P 型光导体系的潜影带正电,需采用带负电的色粉。色粉所带的电荷量是通过摩擦而获得的,当两种物质经接触摩擦后,会分别带上正、负电荷。所带电荷的极性,决定于物质本身的特性。但当物质表面被污染时,例如形成水膜、氧化膜、有机物膜等,将会影响所带电荷的极性。

静电照相过程可以通过两种方法来形成最终的图像,一种是带有剩余电荷的区域吸入色粉形成图像;另一种是带残余电荷的非图像区域将带电色粉驱赶到成像区。每一种方式所要求色粉所带静电荷都不同,而且对电荷控制剂(CCA)的电性能要求也不同。

负电荷控制剂由带有负电荷的有机分子组成,并与静电试剂相匹配,包括磺酸、羧酸及其盐类,与铬($Cr^{3+}$)和钴($Co^{3+}$)配合使用的偶氮染料也很有效。但是,由于它们是有颜色的,只能用作黑色色粉的电荷控制剂。无色的电荷控制剂(CCAs)可与有色的颜料一起使用,如水杨酸盐化合物与 $Cr^{3+}$ 和 $Co^{3+}$ 的混合物。

正电荷控制剂由带正电荷的有机分子组成。它们通常是高丙烯酸酯化的吩嗪化合物的混合物。

一般要求色粉具有以下性能:色粉本身必须对热稳定,保证在定影过程中不会渗流,以免影响定位套准和图像分辨率;色粉应带静电,这只能通过电荷控制剂来提供。但是由于青、品红、黄色颜料的化学结构不同,所以它们各自的充电特性也不同,黄色颜料是基于偶氮类的化合物,品红色颜料是基于喹吖酮/氧杂蒽类的化合物,而青色颜料则是基于酞菁染料的化合物。为了使每种颜料都带上相同的静电荷，需要用静电控制剂来弥补它们之间的差异，否则色粉颗粒的转移将与所需要的叠印色不成比例。理想的色粉还应当具有颜料的色牢度，可以通过共聚而结合到聚合物载体树脂中。

# 第五章

# 图文信息处理

## 5.1 概　　述

数字印刷是一个全数字化生产过程,它将接收到的数字页面信息直接转换成印刷产品,而数字印刷系统所接收的数字页面信息并非直接通过扫描或数码相机拍摄来的,也就是说数字印刷所接收的数字信息必须是经过一系列处理之后的,且能满足印刷产品要求的页面信息,所以数字印刷的生产全工艺流程应包括原稿的数字化、图文信息处理及数字印刷输出等过程。

图文信息处理的主要目标是尽可能地使印刷复制忠实地再现原稿的风格,并力求还原原稿的色彩和层次变化,往往以彩色图像为主要操作对象,且处理结果也以彩色图像居多。图像处理具有以下主要特征:

1. 色彩再现特征

印刷复制中尽可能完整地保留原稿的颜色和层次变化特征对准确的图文复制至关重要。彩色印刷图像复制需经历扫描、处理、排版、拼大版、输出记录、晒版和印刷等工艺过程,其间涉及传输、存储和变换等一系列操作,因此,印前图像处理应力求忠实地保持原稿的颜色和层次变化特征。为达到这一目的,除了对图像直接进行颜色调整外,还要进行色彩管理。

2. 处理特征

在通常情况下,扫描时的分色操作及其获得的结果不是最终目标，除非扫描结果直接用于制版和印刷。因此，完成扫描（分色）后往往要利用图像处理软件做进一步的加工，其间不仅包含艺术创作的成分，更多的处理操作是与复制工艺相关联，比如调整彩色图像的颜色和阶调，根据复制工艺特点压缩或扩展图像阶调，提高图像的对比度，降低或增加图像的色彩饱和度等。

3. 分色特征

印刷复制采用先颜色分解、再颜色合成的方式再现颜色，数码相机从客观景物取得图像的 R、G、B 三色分量实际上完成了分色的过程，图像数字化时原稿颜色分解为 R、G、B 三色或直接扫描为 CMYK 图像同样完成分色过程，而处理结束后将彩色图像从其他颜色空间转换到 CMYK 颜色空间也是分色，这对以印刷为最终目标的图像处理是必须的，也是印前数字工作流程的关键环节，而分色效果的好坏直接取决于图像处理过程中对各分色参数的设置。

图像的印刷复制是一个复杂的过程，人们对图像复制再现效果的期望也各不一样，因此在图像复制过程中为达到较理想的再现效果，必须对图像进行处理和校正，并控制各复制工艺过程。对图像的处理校正一般都在印前处理过程中进行，主要包括对图像在阶调层次、色彩、清晰度等方面的复制再现特性的处理。

## 5.2　图文信息的获取

对图像信息的表示可采用光学、电子等模拟信号（模拟图像），也可通过数字代码来表示（数字图像）。在印刷图像复制中，两种图像表现方式都非常重要，模拟图像能更直观地表现图像的信息和特征，它是目前大多数印刷原稿的表现形式，也是印刷复制品的最终表现形式。数字图像则是现代印刷图像复制过程中必须采用的图像表现形式，这种表现方式更有利于对图像的灵活处理。

对数字印刷而言，一般其前端信息（原稿）为模拟图像，最终产品也是模拟图像，而中间的全过程所处理的都是数字图像，所以数字印刷首先就要将模拟的原稿图像进行数字化。

### 5.2.1　模拟图像的数字化过程

数字印刷面向的是数字化的图像信息。现代印刷原稿主要有模拟原稿和数字原稿。对于数字原稿,可直接将其传输到 DTP 系统进行处理,而对模拟原稿,首先必须对模拟图像进行数字化,即对模拟图像进行空间和幅值的离散化处理。空间的离散化就是把一幅图像分割成一个个小区域(像元或像素),幅值的离散化是指将各小区域灰度用整数来表示,两种离散化的结果即数字图像。图像数字化包括采样和量化两个过程。

1. 采样

将空间上连续的图像变换成离散点的操作称为采样或抽样。

在二维空间域中对图像进行抽样时,一般采用均匀抽样方法,即将二维图像均匀分割成若干相同大小的图像单元(抽样点),即像素,在每个抽样点$(i,j)$处获得其图像灰度的具体数值$f(i,j)$,这个值称为图像灰度抽样值。在整幅图像中所有抽样点的全部抽样值共同构成一离散函数$g(i,j)$(其中,$i=1,2,3,\cdots M;j=1,2,3,\cdots N$)。

离散灰度函数$g(i,j)$总共有$(M\times N)$个数值,其中每个$g(i,j)$值表示图像在抽样点$(i,j)$位置的灰度值,常数 $M$ 和 $N$ 通常尽可能取为 2 的整数次幂。

当进行实际采样时,采样间隔和采样孔径的大小将直接决定数字图像对原模拟图像反映的真实程度。

采样时,在图像纵向和横向(行和列)方向上的像素总数 $M$ 和 $N$ 将决定数字图像的质量。当然,$M$ 和 $N$ 取值越大越好,但为了减少表示数字图像的数据量,只要 $M$、$N$ 满足采样定理即可,即可以从得到的数字图像 $f(i,j)$ 不失真地恢复原图像 $f(x,y)$。

采样定理是指:如果某一维信号 $g(t)$ 的空间频率限制在 $\omega$ 以下,则根据式 5-1,采用 $T\leqslant 1/2\omega$ 间隔对其采样的采样值 $g(iT)$(其中 $i=\cdots-2,-1,0,1,2\cdots$),则能将 $g(t)$ 真实地恢复或重构。

$$g(t) = \sum_{t=-\infty}^{\infty} g(iT)S(t-iT) \tag{5-1}$$

其中：$S(t) = \sin(2\pi\omega t)/2\pi\omega t$ 为采样函数。

在实际的采样过程中，采样点间隔的选取是一个极其关键的问题。由于图像包含着各种不同程度的细微密度变化，采样点的间隔则需根据所希望忠实反映图像的程度而定。

数字印刷图像基本上是采取二维平面信息的分布方式。要将这些图像信息输入计算机进行处理，则首先要把二维图像信号变换成一维图像信号，必须通过扫描（Scanning）来实现。最常用的方法是在二维平面上按一定间隔从上到下有顺序地沿水平方向或垂直方向直线扫描，从而获得图像灰度值阵列，即一组一维信号，再对其求出每一特定间隔的值，就能得到离散信号。

2. 量化

经采样后图像被分割成空间上离散的像素，但其灰度是连续的，还不能作为数字印刷的图像信息。将像素灰度转换成离散的整数值的过程叫量化，也就是将连续变化的灰度值分成若干个灰度段，每一灰度段用一个整数表示，即得数字图像。一幅数字图像中不同灰度值的个数称为灰度级，用 G 表示。若一幅数字图像的量化灰度级数 G＝256 级，灰度取值范围可用 0～255 的整数表示，即用 8 位二进制数就能表示灰度图像像素的灰度值，因此常称 8bit 量化。从视觉效果来看，采用大于或等于 6bit 量化的灰度图像，视觉上就能令人满意，这是因为人眼一般最多可分辨 100 个灰度级。

### 5.2.2　图像扫描技术

图像扫描是印前图像处理的第一步。如果扫描质量不合格，在后面的图像处理过程中，技术再高也没有办法做得很完美。图像扫描工艺流程及扫描参数设置方法如下。

1. 扫描仪工作基准设置

扫描仪是图像分色输入的主要设备，在对色彩管理、数字化处理过程中，扫描仪是能否逼真地再现图像色彩层次的关键。因此，对扫描仪进行特征化管理最为重要。现在，一些高档专业扫描仪都开发了具有自己特色的色彩管理系统，使扫描分色技术更加规范，色彩还原更加准确。

扫描仪对原稿色彩的再现都采用 RGB 色光加色法,并且在扫描或成像过程中都要通过分光分色和光电转换来记录色彩信息。扫描仪能否逼真地再现图像中的色彩层次是制版能否成功的关键所在。大多数扫描仪在出厂时已校正好,但制造条件的差别、光源色温的变化、新旧程度等都会影响扫描仪的性能。因此,对扫描仪进行校正与特征处理是非常必要的。扫描仪需校正的变量主要包括亮度、对比度、伽马值(Gamma)、白平衡,经校正后,应使扫描仪多次扫描同一幅原稿,确保都能获得相同的图像数据,或者数码相机多次拍摄同一景物能获得相同的图像数据。其中重点是白平衡的校正,使扫描图像中性灰区域获得 RGB 三通道信号一致,保证输入系统色彩正确。现在许多扫描仪有自校功能或自带校正软件,可以直接进行白平衡处理,也可以通过扫描灰梯尺在彩色显示器上观察灰梯尺上每一级的 RGB 数值并调整到接近或一致的效果。由于扫描仪的灵敏度和光源色温随着时间推移等因素的变化会有所降低,因此定期进行设备的特征化检测与设定,重新建立新的特征文件,是保证扫描色彩正确性的关键。

对扫描仪校正与特征化的方法是:在测试状态下,首先扫描输入符合 ISO IT8 规范的透射(IT8.7/1)或反射(IT8.7/2)色标,随着色标附有一张含有色块色彩测量值文件的软盘,文件以文本格式存储,称为"IT8 数据参考文件"。然后,使用相应的软件分析扫描仪的彩色复制过程所使用的相关色彩空间,软件将扫描得到的图像与色标的原始数据进行分析比较后,分析出其彩色空间与标准彩色空间的对应关系。最后将此信息储存于电子文件中,生成"扫描仪色彩特征文件"。

由于扫描仪扫描光源、滤色片、CCD 及扫描头光学系统光谱特性的差异和不理想,扫描头采集原稿光信息后获得的各个分色通道的数字信号往往不能正确代表扫描区域的色彩特征,亦即当扫描区域为中性灰时,各个分色通道信号不相等。从而造成对原稿色彩的识别错误,或者对无密度阶跃区域产生虚蒙信号。因此,在工艺性调整之前必须将扫描头对准纯白色,将各个分色通道调节至相等,这项工作称为白平衡,用来消除机器误差对复制质量的影响。

扫描仪每当重新开机、初始化、更换分析滚筒、改变分析光孔、更换分析镜头、变动焦距或改变扫描原稿类型后都必须重新进行白平衡。

对于扫描仪来说,白平衡中通常用清晰滚筒或反色白标代表白平衡最小密度和没有光给光电倍增管的黑标代表最大密度。白平衡必须使各个分色通道对最小密度和最大密度均能保持相等。若白平衡执行两次后不能完成,则需对扫描系统中下列要素进行调校:清洁分析镜头和光学系统;检查校正扫描光点聚焦镜头是否合适;检查分析光点是否位于光孔中,并调整到光孔中心;选择合适的分析光孔;调整灯室使输出光强值最大;选择正确滤色片;检查白平衡点是否位于透明滚筒干净位置或位于反射白标上;检查分析镜头焦距是否清晰。

若上述调整后仍不能实现白平衡,且又是最小密度(白)不能平衡,则可能是由于光强不够造成,因此必须清洁灯室光路,调换灰滤色片或更换灯管。若白平衡时白和黑两点都不能平衡,则多由电气故障造成,适当调高电压值后仍不能平衡,则应请专业维修人员调整。

2. 审稿

扫描第一步是要对原稿进行分析,看看原稿的主题是什么,哪些地方是应该特别注意的。重点要分析的是原稿的层次和色彩。一般色彩分析就是要看哪些色彩可能在扫描中会超出扫描仪识别范围,从而扫描仪会处理不好,而哪些颜色可能超出印刷油墨色域范围,也应该重点注意。层次分析就是要注意阶调是否完整。分析各阶调目的就是在复制时把各阶调尽可能再现出来,理想的阶调范围是亮调的细节不能丢失,暗调层次又不被压缩。

对非正常原稿,要分析其缺陷在哪里,并为扫描参数的设定提供依据,如若画面整体偏暗,扫描时应提高亮度,使画面更清楚些。当画面偏色明显时,扫描时应予以纠正。如果图像不清晰,扫描时要做清晰度强调处理。

3. 预扫描

预扫描就是以较低分辨率对图像快速扫描,其目的是便于对一些扫描参数的设定,如确定扫描区域范围,通过预扫描图像分析原稿的基本层次、颜色特征，以便对层次和颜色进行基本设置和适当的调节。

4. 扫描颜色模式确定

在图像数字化过程中，对图像颜色的表示可采用多种色彩模式，具体选用哪种模式，在正式扫描之前应确定。扫描色彩模式菜单命令项中一般有 Millions of Colors，Billions of Colors，256 Shades of Gray，Lineart(线条稿)，Halftone(网目调)等色彩模式可供选择。一般应根据原稿的类型和扫描最终要求选择相应的色彩模式：原稿为彩色，最终要求扫描也为彩色时，一般选择 Millions of Colors，其色彩模式为 RGB；原稿为彩色或黑白，有明暗层次，最终要求扫描为灰度图时(连续调黑白图)，选择 256 Shades of Gray 类型；原稿为彩色、黑白有明暗层次或黑白线条原稿，最终要求扫描为黑白线条，可选择 lineart 类型，扫描后图像为黑白二值图；有一些高档扫描仪的扫描色彩模式还有 CMYK 色彩模式，如果原稿为彩色，最终要求扫描为彩色，并且扫描图像的用途是直接输出用于印刷，就可以选择 CMYK 色彩模式。

5. 扫描分辨率的确定

很显然，扫描时选用的分辨率高低，将直接影响到扫描图像的质量。理论上讲，图像最终要印刷，一般应保证扫描图像分辨率达 300dpi 以上。有一些扫描仪是通过印刷的加网线数、质量因子、放大倍数来确定扫描分辨率的。如加网线数为 200lpi、质量因子为 2.0、放大 8 倍，则实际扫描光学分辨率为 $200 \times 2.0 \times 8 = 3200$dpi。

6. 图像大小的确定

确定扫描后图像的大小，可以用尺寸来表达，也可以用倍数来表达。对光学分辨率较低的扫描仪，放大倍率不宜过大，否则图像细节损失大，清晰度不高，而滚筒扫描仪分辨率一般较高，其放大的图像质量较好。

7. 亮度、对比度(Brightness Contrast)的调节

对原稿的亮度及反差的调节时，如原稿正常，可以不作改动，否则可作相应变化。若原稿图像整体偏亮，可以降低亮度；太暗则增加亮度；原稿图像反差小，则可提高对比度，以拉开扫描图像的反差。

8. 扫描颜色校正

一些高档的扫描仪在扫描过程中具有颜色校正的功能,因此,在扫描之前,可利用扫描软件校正原稿图像颜色。其校正方式随不同的扫描仪及扫描软件而不同,有的可通过移动颜色环上的滑块实现,当滑块位于中间时,没有做颜色校正。如果滑块朝某一方向移动,图像颜色就会向某个方向偏移,这样就可用来纠正原稿色彩偏色。调节时,如原稿偏某色,应把滑块朝它的补色方向移动,即朝与以中心圆心对称的补色方向移动。

9. 去网(Descreen)选择

Descreen 是扫描印刷原稿的去网选项。印刷品原稿如直接扫描,不进行去网的话,由于光学干涉,扫描后会产生很粗的网纹,使图像不细腻,故应在扫描时进行去网处理。如原稿为印刷品,则可选择相应印品类型的去网方式,以便得到满意的去网效果。Descreen 选项中有 None,Newspaper(65lpi)、Magazine(133lpi)、Art Magazine(175lpi)四种选择。扫描时,应根据所扫描原稿在印刷时的加网线数选择相应的去网选项,如原稿为照片,则选 None,无去网处理;如果原稿加网线数较低如报纸,则选 Newspaper(65lpi);如果原稿加网线居中如杂志类,则选 Magazine(133lpi);如原稿为精细印刷品,则选 Art Magazine(175lpi)。

10. 扫描及图像存储

当确定了扫描的各项选项参数后,即可进行正式的扫描,最后经存储后即获得所需的数字图像。

## 5.3 数字印刷的文件格式

数字化图像是一种光栅图像,需要按一定的文件格式形式存储。每一种图像处理软件几乎都有各自处理图像的方式,用不同的格式存储图像。为了利用已有的图像文件,或者在不同的软件中使用图像,就要注意图像格式,必要时还得进行图像格式的转换。

计算机处理的数字图像的存储格式主要有矢量图形和位图图像两大类。

矢量图形（Vector Based Graphics）也称为几何图形或矢量图，简称图形（Graphics），是指用一组绘图指令绘制的各种图形。这些指令包括了描述一幅图像的每个直线、弧线、圆、矩形的大小和形状。实现一幅图像，只要执行有关软件读取这些指令，就可在屏幕上显示所绘制图形的形状和颜色。由于矢量图形生成的图像是由直线、圆和弧线组成，它没有位图方式的绘图效果。矢量图形常用于线条绘图，如报纸版面、建筑设计绘图、CAD 等。目前，许多 Windows 操作系统具有绘图程序来绘制和显示图形。矢量图形主要的优点是可以对图中的每个部分分别进行控制，在屏幕上移动每个部分以及将之压缩、放大、旋转和扭曲均不会破坏画面。矢量图形的主要缺点是随着图像复杂程度的增加，计算机着色所花的时间就大大增加。

位图图像（Bitmap Image）又称为位映射图像、点阵图像或点位图，简称图像（Image）。图像由一组计算机内存位组成，这些位定义了图像中每个像素点的亮度和颜色。使用位图产生的图像通常都比较细致，层次和色彩也比较丰富、真实。位图可以用绘图软件生成，也可用彩色扫描仪扫描二维图片，或用摄像机以及帧捕获设备获得数字化画面。显示位图图像要比显示矢量图形图像快得多。位图可利用图像获取设备装入内存直接显示，省去了生成矢量图像所需要的着色时间。但是位图所需要的磁盘空间比矢量图形大。

### 5.3.1　TIFF 格式

TIFF 全称是 Tagged Image File Format，即"标记图像文件格式"，由 Aldus Developers Desk 和 Microsoft Windows Marketing Group 公司联合开发，是用来为存储黑白图像、灰度图像和彩色图像而定义的存储格式。TIFF 格式是印前处理系统使用得最为普遍的图像格式，它不仅普遍使用于排版软件中，也可以用来直接输出。

TIFF 文件一般可分为文件头、参数指针表、参数数据表和图像数据四个部分。其中文件头长度为 8 位，包括字节顺序、版本标记号和指向第一个参数指针表的偏移；参数指针表由一系列长为 12 位的参数块构成，用于描写图像的压缩种类、长度、彩色数、扫描分辨率等许多参数；参数数据表中存放的是实际参数数据，比较常见的是 16 色或 256 色调色板；最后一部分是图像数据，它们按照参数表中所描述的形式按行排列。

TIFF 位图可具有任何大小的尺寸和分辨率。在理论上它能够有无限位深，即：每样本点 1～8 位、24 位、32 位（CMYK 模式）或 48 位（RGB 模式）。TIFF 格式能对灰度、CMYK 模式、索引颜色模式或 RGB 模式进行编码。它能被保存为压缩和非压缩的格式。几乎所有工作中涉及位图的应用程序，都能处理 TIFF 文件格式——无论是置入、打印、修整还是编辑位图。

TIFF 的规范允许使用 CMYK 和 RGB 这两种颜色模式，即可将图像分成 4 种套印颜色，并且将分色前的图像保存为 TIFF 格式。将 TIFF 格式文件置入页面版式设计或相似程序时，就不要求做进一步的分色。TIFF 格式也可保存索引颜色位图，但是对索引颜色图像，更多的时候是选择使用 GIF 格式。

TIFF 格式可包含压缩和非压缩象素数据。压缩方法（LZW）是非损失性的（图像的数据没有减少，即信息在处理过程中不会损失），能够产生大约 2：1 的压缩比，可将原稿文件大小削减到一半左右。

TIFF 格式现在的版本支持高分辨率颜色，它把一幅图像的不同部分分成块状，或者说是数据块。对于每个块状部分，都保存了一个标志，其中提供了块状看起来是什么样的信息。块状的优点是支持 TIFF 格式的软件包只需要保存当前显示在屏幕上的那部分图像。而没有在屏幕上显示的图像部分还保存在硬盘上，等到需要时才装入内存。当编辑一幅非常大的高分辨率图像时，这一特性就很重要。

但是，在 TIFF 文件中没有任何工具含有网屏处理指令。如果想在保存位图的同时保存网屏处理指令，则必须使用 EPS 文件格式。TIFF 格式能够处理剪辑路径，无论是 QuarkXPress 还是 PageMaker，都能读取剪辑路径，并能正确地减掉背景。

TIFF 格式还具有以下特点。

（1）支持跨平台的格式

TIFF 格式可用于在应用软件以及不同平台之间进行文件交换，

独立于操作系统和文件系统。因此，大多数扫描仪都能输出 TIFF 格式的图像文件。

（2）支持多种图像模式

TIFF 支持任意大小的图像，从二值图像到 24 位的真彩色图像（包括 CMYK 图像和 Lab 图像），支持灰度图像，也支持在 VGA 显示系统中上最常见的调色板式图像。一个 TIFF 文件所描述的信息可以比其他图像文件格式所能描述的多得多，因此它是国际上非常流行的图像文件格式。但是，TIFF 格式不支持多色调图像，这是它与 EPS 格式的重要区别之一。

（3）支持 Alpha 通道

图像处理软件通常把处理过程中的某些重要信息存放在 Alpha 通道内（例如用某种原则对图像进行分割后形成的选择区域），因此 TIFF 格式是除 Photoshop 专用格式外，唯一能保存 Alpha 通道信息的格式。

（4）支持 LZW 压缩（无损压缩）

存储 TIFF 文件时，有两种选择，一种是非压缩方式，一种是 LZW 压缩方式。LZW 压缩方式对图像信息没有损失，能够产生一定的压缩比，可将文件大小进行不同程度的压缩，其压缩比要视图像中的像素的颜色而定，如画面中相同颜色的像素较多，则压缩率很高，如果画面像素颜色变化不大，则压缩率不大。

### 5.3.2　JPEG 格式

JPEG（Joint Photographic Experts Group）是由联合图片专家组提出的，它定义了图片、图像的共用压缩和编码方法，这是目前为止最好的压缩技术。JPEG 主要用于硬件实现，但也用于 PC 机、Mac 机和工作站上的软件。所以严格地说，JPEG 不是一种图像格式，而是一种压缩图像数据的方法。但是，由于它的用途广泛而被人们认为是图像格式的一种，现在，已经上升为印刷文件和万维网发布的压缩文件的主要格式。

JPEG 主要是存储颜色变化的信息，特别是亮度的变化，它压缩的是图像相邻行和列间的多余信息。JPEG 可压缩灰度图像、RGB、CMYK 彩色图像。

JPEG 格式的主要特点如下。

(1) 压缩比大,图像质量好

用 JPEG 格式压缩图像时,压缩比很高,而且有多种压缩比可供选择。因此由 JPEG 压缩方法处理图像而节省的空间是大量的,且不会降低图像质量。另外,JPEG 格式普遍地用于以超文本置标语言方式显示索引彩色图像,并保留 RGB 图像中所有的颜色。

(2) 有损压缩

JPEG 压缩图像去除的是图像行与行、列与列间的相关性,必然要丢弃一些数据,所以被称为有损压缩。当采用较低的压缩比时,图像质量高;压缩比高时,图像质量低。选用 JPEG 方法压缩图像时需兼顾考虑文件大小和颜色损失,但在大多数情况下,如果采用较小的压缩比,压缩后图像的颜色变化很难区别。此外,使用相同的 JPEG 压缩比压缩不同内容的图像,可能会得到不同的压缩效果。由于 JPEG 使用了有损压缩格式,这就使它成为迅速显示图像并保存较好分辨率的理想格式。也正是由于 JPEG 格式可以对扫描或自然图像进行大幅度的压缩,利于储存或通过调制解调器进行传送,所以在互联网上得到了广泛的应用。

(3) 解压缩方便

JPEG 图像的解压缩是压缩的逆过程。通常,在打开用 JPEG 方法压缩的图像时,软件会自动进行解压缩处理,所以解压缩非常方便。

### 5.3.3 EPS 格式

EPS(Encapsulated PostScript)格式称为打好包的 PostScript 格式,即封装的描述文件格式。它是 PostScript 格式的变体之一,即 EPS 文件就是包括文件头信息的 PostScript 文件,利用文件头信息可使其他应用程序将此文件嵌入文档之内。EPS 文件还有一些限制,而这些限制并不适用于标准的 PostScript 文件。这些限制主要是一些规则,以保证 EPS 文件可以插入到不同的文件中,而不会对文件造成损失。

　　EPS 格式是一种混合图像格式，可用于像素图像、文本以及矢量图形的编码。由于 EPS 文件实际上是 PostScript 语言代码的集合，因而在 PostScript 打印机上可以以多种方式打印它。创建或是编辑 EPS 文件的软件可以定义容量、分辨率、字体、其他的格式化和打印信息。这些信息被嵌入到 EPS 文件中，然后由打印机读入并处理。有上百种打印机支持 PostScript 语言，包括所有在桌面出版行业中使用的图像排版系统。所以，EPS 格式是专业出版与打印行业使用的文件格式。它比 TIFF 格式更通用，TIFF 格式只使用于图像，而 EPS 格式可以同时在一个文件内记录图像、图形和文字，既可以用于基于像素的点阵图像，又可用于图形类、排版类软件中的矢量对象。绝大多数绘图软件和排版软件都支持这种格式，EPS 也是唯一支持二值图像模式下透明白色的文件格式，即在图像处理软件中定义的透明区域可以在排版软件中得到很好的继承。EPS 格式是印前系统中最重要的格式之一。但是 EPS 格式只是一种用于打印的格式。嵌入到 EPS 文件中的 PostScript 语言代码提供了重要的打印定义，但是，这就使得文件变大。除此之外，为了在软件中建立 PostScript 引擎所需要的资金和内存开销也是较高的。结果大多数的 Web 浏览器不支持 EPS 文件，大多数图像查看共享软件和自由软件也都不支持 EPS 文件。由于这种原因，EPS 格式不能用在 Web 站点的图像显示上。

　　EPS 格式还具有以下特点。

　　（1）包含路径信息

　　如果在图像处理软件中制作了一条或多条路径，并把这些路径定义成了裁剪路径，则可以将裁剪路径输出到排版软件中作为文字绕排的边界，或者方便地进行去底或选取需要的图像。

　　（2）支持多色调的图像模式

　　印前处理系统中有的图像模式比较特殊，例如多色调图像（包括单色调、双色调、三色调和四色调图像）和多通道图像。其中多色调图像是相当特殊的一类图像，表面上它只有一个通道，但需要用几种油墨来印刷。对这种特殊类型的图像只能采用 EPS 格式来保存，因为只有 PostScript 语言才能定义这样的图像。

（3）包含加网信息

EPS 格式可以在文件中包含加网信息（加网线数、加网角度和网点形状），适用于需要让文件在前端加网的用户。即当把图像保存为 EPS 格式之前时，可以事先将加网信息加到图像文件中。这样，在将 EPS 格式图像置入到另外的应用程序时，PostScript 语言解释器在分色时会跳过该软件本身的设置而直接利用 EPS 文件中的加网信息。

（4）包含传递函数（Transfer Function）

为了补偿光栅记录设备（照排机）造成的网点增大，需要按此类设备的实际性能定义像素值与网点大小间的对应关系，这种关系称为传递函数。只有 EPS 格式才能在存储图像时，通过手动调节图像再现曲线，或直接输入各阶调的调节数据，在文件中包含输出时所需要的传递函数信息。

（5）使图像中的白色区域保持为透明

在将二值图像存储为 EPS 格式时，可以使图像中的白色区域保持为透明，使得用户在排版软件中操作时，保证图像白色区域下方的文字或其他内容可见。

（6）保存分色设置信息

印刷图像处理在输出最终结果前需要把图像转换为 CMYK 模式，而转换后需用 EPS 格式来保存图像模式从 RGB 转换到 CMYK 所涉及的诸多因素，如油墨和纸张组合、分色类型（底色去除或灰成分替代）、网点增大关系（通常根据中间调网点增大值确定网点增大曲线）、黑色生成函数、黑墨极限、油墨总量极限和底色增益等参数的设置和指定。

（7）保存专色

如果在图像中定义了专色，则也需要用 EPS 格式保存。否则，最后得到的专色很可能是由 C、M、Y、K 油墨合成的颜色。

### 5.3.4　PDF 格式

PDF 是 Portable Document Format 的缩写，即可携带的文件格

式。PDF 是在 PS 的基础上发展起来的一种文件格式，能独立于各软件、硬件及操作系统之上，便于用户交换文件与浏览。PDF 不仅用在印前领域，在电子出版中也有广泛应用，即是一种能满足纸张媒体和电子媒体出版要求的电子文件格式，它已成为可进行电子传输并进行远距离阅读或打印的排版文件标准。

PDF 文件既可包含矢量图形，也可包含点阵图像和文本，并且可以进行链接和超文本链接。它可以通过 Acrobat Reader 软件进行阅读。

PDF 文件格式的主要特点有：

（1）设备无关性

PDF 文件格式以向量方式描述页面中的元素。它定义了多种坐标系统，并通过当前变换矩阵完成从用户空间到设备空间的转换，从而使得 PDF 文件独立于各种设备，适应不同条件的用户要求。

（2）可移植性

PDF 文件中既允许 ASCII 码文件信息，又允许二进制文件信息。通过编码过滤器可以实现两种信息的转换。ASCII 码是最通用的字符集。它可以解决数据在不足 8 位的通道中正确传输的问题。PDF 的可移植性确保了文件在网络中正确传输。

（3）可压缩性

PDF 支持不同标准的压缩过滤器，使 PS 文件转为 PDF 文件时，文件长度明显缩小。对采用压缩过滤器生成二进制数据，PDF 可将之再转换为 ASCII 代码，来保持文件的可移植性。

（4）字体独立性

PDF 中采用了一种新的解决字体问题的方法，即在 PDF 文件中包含对应于其使用的每一种字体的"字体描述"。"字体描述"中包括字体的名称、字符信息、字体风格信息等。

（5）文件独立性

PDF 文件中运用先生成 PDF 文件的对象，再在文件尾部生成有关此文件的总体描述信息方式，来实现对单向通过性的支持。这样便能在文件的最后设置诸如文件大小、文件总页数等信息。单向通过性有效地提高了处理 PDF 文件的效率。

（6）页面独立性

每个 PDF 文件都包含有交叉引用表，能用来直接获取页面或其他对象，从而使得对任一页面的获取与文档的总页数与位置无关。

（7）增量更新

PDF 文件具有可进行增量更新的文件结构，需要更新时只需将所作更改项附在文件后面，而无须重写整个文件，使文件更新速度大大提高，尤其有利于印前作业的大文件。此外，增量更新还保留文件的历史记录，能随时取消所作的修改，使印前作业过程更加简便。

（8）平台中立

同一 PDF 可在多种操作系统进行交互操作，已真正成为独立于各种软件、硬件及操作系统之上的，便于用户交换与浏览的印前电子文件格式。

（9）支持多种色彩模式

Photoshop 中，PDF 格式可支持 RGB、CMYK、Indexed Color、Grayscale、Bitmap、Lab 色彩模式，但不支持 Alpha 通道。

# 5.4 彩色图像的分色技术

彩色数字图像的分色机制是基于减色法理论及数据处理技术而形成的，分为以照相分色为基础的分色机制和以构造模型为基础实现色彩空间转换的分色机制两类。

## 5.4.1 基于照相分色的分色机制

照相分色是以减色法理论为基础，利用 R、G、B 滤色片对不同光波的选择性吸收直接将彩色图像分解为 C、M、Y 三原色，如图 5-1 所示，其分色机理如式 5-2 所示。

$$C+M+Y=K$$
$$C+R=K$$
$$M+G=K \qquad (5-2)$$
$$Y+B=K$$

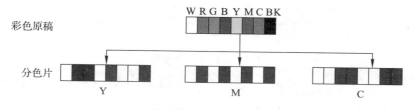

图 5-1　照相分色原理

由于分色中采用的光源、滤色片及其他材料的不理想,实际分色公式则如式 5-3:

$$\begin{bmatrix} c' \\ m' \\ y' \end{bmatrix} = \begin{bmatrix} A_{11} & A_{12} & A_{13} \\ A_{21} & A_{22} & A_{23} \\ A_{31} & A_{32} & A_{33} \end{bmatrix} \begin{bmatrix} C \\ M \\ Y \end{bmatrix} \qquad (5\text{-}3)$$

式中　　　$c'$、$m'$、$y'$——输出值;

　　　　　$C$、$M$、$Y$——采样值;

　　　　　$A_{ij}(i=1,2,3;j=1,2,3)$——分色系数。

这种分色机制是通过光学器件将彩色图像直接分解为分色信号,通过分色系数的确定来获得正确分色信息,因而具有算法简单、处理速度快的特点。但对硬件要求极高,并只能应用于确定的色彩空间,难于进行色彩空间的变换和多色彩空间图像再现的需要。目前只应用于类似于彩色印刷等单一目的的色彩复制中。

### 5.4.2　基于构造模型的分色机制

随着计算机的迅速发展和彩色数字图像的广泛应用,基于照相分色理论的分色机制已不能满足对 RGB、CMYK、HLS、L* a* b* 等多色彩空间和不同设备色彩输出与管理的需要。因而只有建立适于各种输入、输出设备的通过色彩空间转换的构造模型的分色机制,才能满足现代彩色复制需求。

在对图像进行扫描或数码拍摄时,对图像进行了一次分色,即将图像颜色分解为 RGB 三个通道的颜色,但 RGB 三色并不是最终的印刷色,还需要转换为 CMYK 图像才能输出,如图 5-2 所示。建立数学

图 5-2　数字分色过程

模型——聂格伯尔方程，即采用三色复制彩色时，色彩的三刺激值 $XYZ$ 能够通过承印介质的白色和三原色之间显色的八种组合的数学模型来表示，如式 5-4 所示。

$$\begin{bmatrix} X \\ Y \\ Z \end{bmatrix} = \sum_{I=1}^{N} f_n \begin{bmatrix} X_n \\ Y_n \\ Z_n \end{bmatrix}$$

$$X(c,m,y) = f_1 X_1 + f_2 X_2 + \cdots\cdots + f_8 X_8$$

$$Y(c,m,y) = f_1 Y_1 + f_2 Y_2 + \cdots\cdots + f_8 Y_8$$

$$Z(c,m,y) = f_1 Z_1 + f_2 Z_2 + \cdots\cdots + f_8 Z_8$$

$$
\begin{aligned}
n &= 1(W) & f_1 &= (1-c)(1-m)(1-y) \\
n &= 2(C) & f_2 &= c(1-m)(1-y) \\
n &= 3(M) & f_3 &= m(1-c)(1-y) \\
n &= 4(Y) & f_4 &= y(1-c)(1-m) \\
n &= 5(C+M) & f_5 &= cm(1-y) \\
n &= 6(M+Y) & f_6 &= my(1-c) \\
n &= 7(C+Y) & f_7 &= cy(1-m) \\
n &= 8(C+M+Y) & f_8 &= cmy
\end{aligned}
$$

(5-4)

式中　　$X$、$Y$、$Z$——三原色叠印时的三刺激值；

$X_n$、$Y_n$、$Z_n$——色彩 $n$ 的三刺激值；

$f_n$——用百分数表示色彩 $n$ 的网点面积率；

$c$、$m$、$y$——C、M、Y 分色版上的网点面积率。

这种分色机制的特点是只需获取少量样品色彩的数据，就能建立一种独立于设备的分色机制，并通过色彩空间的变换，来实现彩色数字图像的准确再现。

色彩模式的转换通常直接利用图像处理软件来完成。如 Photoshop 对图像的分色分三步进行。

（1）利用 File/Preference/Monitor Setup 和 Printing Inks Setup 的设置，建立一个基本的色域空间（Building Tables），这就是 Lab 色域空间。它包含了自然界中千变万化的颜色。分色时，根据 Lab 色域空间的色彩分布，先将 Photoshop 中电子图像的 RGB 数据换算为 Lab 的数据。

（2）利用 File/Preference/Monitor Setup 和 Printing Inks Setup 的设置建立一个分色参数表（Building Color Separation Tables），该参数表是将电子图像的 Lab 数据转为 CMYK 数据的依据。

（3）模式转换，即调用第（2）步形成的分色参数表，将 Lab 的数据转换为 CMYK 四色印刷油墨的数据，至此，分色即告完成。

### 5.4.3  数字分色过程与方法

数字印前处理的分色实质是实现不同颜色空间的转换，其基本过程如下。

（1）找到颜色的色度值与所需油墨量的一一对应关系，即颜色特征的取样。这一步的完成需要根据所使用的油墨、纸张等印刷条件实际印刷一组不同油墨组合的标准色样，不同的印刷条件会得到不同的原始数据。

（2）构造印刷的数学模型。印刷模型是由一组数学解析式组成。对于一组给定的油墨量组合，通过解析式可以计算出它们的色度值。常用的印刷数学模型是纽介堡方程。

（3）印刷模型的转换。因为分色过程涉及的是已知一个颜色，求出再现它所需要的 CMYK 每一色版的网点面积率。

印刷模型的转换要通过迭代的方法来完成。

以上过程的实现，必须考虑到印刷过程的灰平衡、黑版墨量、底色去除、非彩色结构等因素。

### 1. 灰平衡

从理论上讲，对于理想三原色油墨，只要等量相加或叠印，便可获得中性灰色。然而等量的实际三原色油墨量叠印得不到中性灰色，但是通过调整黄、品红和青油墨的量,可以得到中性灰色。我们把印刷中能得到中性灰色的三原色油墨量(密度或网点百分比)的正确组合称为中性灰色平衡(Gray Balance)或色彩平衡(Color Balance)。

在彩色复制中,常常需要知道达到中性灰时青、品红、黄各单色密度的大小或各单色的网点百分比。例如,我们在确定原稿的白场和黑场时,就应了解这两个中性灰点的各单色密度或各单色网点百分比。

达到灰平衡时各单色油墨量可由式 5-5 灰平衡方程求出。

$$\begin{bmatrix} D_{YB} & D_{MB} & D_{CB} \\ D_{YG} & D_{MG} & D_{CG} \\ D_{YR} & D_{MR} & D_{CR} \end{bmatrix} \begin{bmatrix} \varphi_{Ye} \\ \varphi_{Me} \\ \varphi_{Ce} \end{bmatrix} \begin{bmatrix} D_{end} \\ D_{end} \\ D_{end} \end{bmatrix} \tag{5-5}$$

式中,$D_{CB}$、$D_{MB}$……称为三色油墨主副密度,$\varphi_{Ye}$、$\varphi_{Me}$、$\varphi_{Ce}$ 为三原色油墨的量,$D_{end}$ 为中性灰密度。

要想达到灰平衡,在印刷过程中,必须通过灰平衡数据来控制各色版的墨量,但是由于印刷过程中会造成灰平衡失调的因素很多,所以在确定灰平衡数据时,一定要在确定的工艺条件下测定三原色油墨的主副密度值,或者进行试印测得灰平衡数据。此外,在实施灰平衡的过程中,还应注意以下几点。

(1) 稳定印刷适性条件。这是最基础的问题,从打样或印刷方面讲,首先希望印刷适性条件良好并且稳定。如果纸张、油墨、印版、橡皮布、车间环境等条件经常发生较大变化,印刷灰色平衡的实施就难以保证。

(2) 确定打样或印刷的色序。色序不同,各版在灰色平衡曲线上的网点面积就不同。色序不固定,分色、晒版就失去了根据。

(3) 确定图像各阶调的网点百分比。实地密度值是控制暗调的重要指标,亮调最小网点来齐部位是控制亮调的重要指标,网点增大值则是控制中间调的重要指标。

(4) 确定相对反差值,这也是控制中间调至暗调的重要指标。

(5) 还要稳定车间的环境条件,如温、湿度和观样台光源等,这是不可或缺的条件。

以上几点既是条件,又是标准,如果都能稳定或确定下来,再加上操作者严格执行工艺规程,认真操作,印刷灰色平衡完全可以顺利实施。

2. 黑版

从彩色复制原理讲,用黄、品红、青三原色油墨按不同的网点面积组合套印,不仅可以生成千变万化的彩色,而且也能生成不同明度的非彩色,或称为消色,从而复制出色调符合要求的产品来。但是,实际三原色油墨的主密度偏小,副密度偏大,导致所再现的灰色特别是暗调灰色饱和度不够,所以需要黑色来补偿。

黑版阶调的长短受原稿特性、客户要求、印刷适性和印刷色序等因素的影响,使用时要根据情况酌情处理,不能生搬硬套。如复制颜色鲜艳、密度反差偏小的水彩画,应以三原色版为主,用短调黑版主要为了加强图像的轮廓;复制阶调丰富,颜色鲜艳、密度反差适中的原稿,应同时重用三原色版和黑版,黑版以中调为好;复制以消色为主的画面时,应使用长调黑版。在相同的画种当中,有的出版单位要求画面色彩古朴浑厚,强调艺术风格要求颜色效果明快、鲜艳些,此时应采用阶调相对短些的黑版。印刷适性对黑版阶调的使用也有影响,一般讲,纸张白度高,油墨的色偏、带灰小时,黑版阶调可相对长些;反之,黑版阶调则相对短些,这对画面的颜色变化更有利。

3. 底色去除

理论上讲,从图像的不同阶调处开始作底色去除及采用不同的底色去除量,对阶调的再现效果是一样的,但对颜色有一定的影响,因为一幅图像中,若黑色成分过多,而三原色成分又过少,即主要以黑色油墨再现图像的灰色阶调,必然会使图像在视觉上产生灰闷的感觉,所以实际中应适当控制底色去除的起始点和量,其控制的基本原则是:若印刷条件好,并有利于油墨的转移,则底色去除的起始点应向图像暗调偏移,即底色去除的范围应小一些,底色去除量也应少一些,反之,若印刷条件较差,底色去除的起始点应向图像高调偏移,即底色去除的范围应大一些,底色去除量应多一些;若原稿色彩鲜艳,灰色调少,底色去除的范围应小一些,去除量也应少一些,若原稿色彩灰暗,则底色去除范围可大一些,去除量也可多一些。例如,对一幅以小孩面部肖像为主的画面的复制,其底色去除就不应过多,而应主要以三原色再现画面效果,但若是以农村老人的肖像为主的画面,则底色去除可多一些。

4. 非彩色结构

在底色去除工艺中,若将底色去除的范围和量最大化,即将构成图像灰色成分的三原色墨量全部去除,而全部用黑色再现,这就是非彩色结构工艺,所以非彩色结构工艺是指将图像中的中性灰色全部由黑色油墨再现的工艺。

很显然,采用非彩色结构工艺所复制的彩色图像与采用常规工艺或底色去除工艺所复制的彩色图像在色彩构成方面具有不同的特点。采用非彩色结构工艺印刷的图像在任何色彩部位,最多仅有两个原色与黑色并存。

5. Photoshop 的分色设置

利用 Photoshop 软件对图像分色,实质是将图像由 RGB 色空间转换到 CMYK 色空间,利用 Image/Mode/CMYK Color 即可,但是在转换之前必须利用 Photoshop 的 CMYK Working Space 设置一些分色参数(图 5-3),才能使颜色转换后,得到的图像的 C、M、Y、K 四色数据满足印刷的要求。

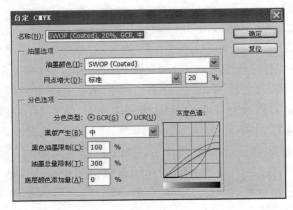

图 5-3　**Photoshop 的 CMYK Working Space 设置**

（1）印刷油墨颜色设定

印刷油墨设置对话框提供了印刷用的油墨和纸张的信息。分色前，Photoshop 调用这两者的信息，建立分色参数表，以便补偿印刷材料对颜色的影响。用户在这项菜单中选择、调整其设置，最终目的就是要使 CMYK 彩色模式最能接近用户特定的印刷环境。改变该设置，会影响到 CMYK 图像显示，而不影响图像数据，对 RGB 图像没有影响。

Adobe Photoshop 中只收集了世界上几家著名油墨厂家的油墨在 Ink Colors 之中，如所用的油墨不在其中，就要自己测定油墨的颜色数据，然后输入到 Ink Colors 中。或者在 Ink Colors 库中选择与自己的油墨相似的一种油墨色来替代。一般来说，日本产油墨可以选择 Toyo 油墨代替，而国产四色油墨可以用 SWOP 油墨代替。

（2）网点增益设定

印刷过程中由于多方面因素的影响，网点增大是不可避免的，且图像各阶调处网点增大量不一样，一般中间调网点增大较多，而高调和暗调网点增大较少。Photoshop 中 Dot Gain 处要输入的就是 50％ 网点阶调处的网点增大值。PhotoShop 根据这个数值将生成一个自动补偿函数对各阶调的网点进行补偿。

（3）分色类型设定

分色类型设定的实质是黑版类型的选择。一般分为两种类型：GCR 和 UCR，即在生成黑版时是按灰色成分替代工艺还是按底色去除工艺。UCR 方式适用于以彩色为主、灰成分较少的图像，如室外的风光类摄影原稿，这些原稿大都是高反差、色彩鲜艳、饱和度高，黑色成分只占很小一部分，黑版在图中只起轮廓作用，用来强调暗部层次，增加暗调密度。GCR 方式适于分色图像中灰成分较多的原稿，如机械类及国画等。

（4）黑版阶调设定

黑版阶调设定实际是选择黑版阶调的长短，有四种选择：Light，Medium，Heavy，Maximum。黑色生成函数控制着黑版生成的起点和黑版曲线的形状，从曲线上用户可以更直观地了解灰色替代的程度。Light 黑版起点在 40％ 处，黑版较陡，彩墨相对较多；Medium 黑版起点在 20％处；Heavy 黑版起点在 10％处；Maximum 全为黑版。实际应用之中，对于高调图像和低调彩色图像，以及彩色较丰富的原稿，可以用 Light 黑版来替代。以中灰为主体的图像使用 Medium 和 Maximum 黑版来替代，有助于灰平衡的实现。

（5）黑版墨量最大值设定

黑版墨量最大值设定主要是确定黑版的最大网点值，一般应选择在 70％～100％之间较为适宜，且黑版阶调越长，其最大网点值设置越大。

（6）油墨总量设定

确定了黑版的阶调后，还须控制 CMYK 四种油墨的整体情况。总油墨量设定的数值表示分色后图片最深最暗处四色油墨网点数的总和。显然，随着该值的增大，印刷密度将增大，应该说图像的复制效果会更好。但是，对于某一特定的印刷环境（印刷机、纸张、油墨等），总油墨量超过一定的数据，不仅不会增大密度，反而会产生许多印刷故障，主要表现在图像中暗调部分糊成一片，丢失层次，以及纸张拉毛甚至出现撕剥现象及油墨不能干燥等。

（7）底色增益设定

底色增益与底色去除是两个相对的工艺方式。它表示加大暗部区域 CMY 三原色油墨的量，以使暗部色彩密度更大，颜色的层次变化增多。在分色高反差的风景类摄影图像时，常常将 UCA 的量设置得高一些。

## 5.5　图像加网技术

一幅连续调图像在视觉上从白到黑可以有无数个阶调。人的视觉可以分辨至少 64 个阶调，一般可以分辨 100 个阶调，所以进行图像复制时，应该至少复制出 100 个阶调。而在印刷中却因为印刷复制条件的限制，对图像阶调只存在两种表达形式，即：要么印油墨，要么不印油墨，各种层次的再现只有通过加网才可以实现，即用许多网点来再现每一个色调层次。由于人眼观察印刷品时，见到的是单位面积内网点的整体组合效果，所以看见的是一个细腻的图像。

　　加网技术一直是彩色印刷中最关键的技术，加网方法的好坏直接影响彩色印刷品的质量和印前输出的速度。现代彩色印刷中主要采用两类加网方式：调幅加网和调频加网。

### 5.5.1　调幅加网技术

　　调幅加网（Amplitude Modulation，AM）技术是在传统的照相接触加网技术的基础上发展而来的，后被广泛应用到电子分色机激光电子加网技术中，在现代数字加网技术中也广泛采用调幅加网方式。该技术是利用不同大小而分布均匀的网点来表现图像阶调层次的变化。在调幅加网中，所加网的每个网格单元内只有网点，并分布在网格的中心位置，网点的大小不同，形成的灰度级不同。由于网点是规则分布的，在多色套印时会出现莫尔纹，因此需要采用网角技术，使莫尔纹极小化。所以调幅加网中的关键是如何使各色分色片具有准确的加网角度以及相同的加网线数，但即使是这样，也只能尽可能减少莫尔纹对图像的影响，完全避免莫尔纹则是不可能的。因此在采用调幅加网技术对图像加网时，必须事先确定以下加网参数。

　　1. 网目线数

　　加网过程中，对图像分割的网格单元越小，则网目调图像的连续效果就表现得越真实。网目线数就是用来表示网点基本单元精细程度的，常用单位长度内的网线数表示，即网目线数是指单位长度内的加网线数，或是网目调图像中单位长度内黑白网点的对数，其单位为线/厘米或线/英寸。用相同加网线数印制出来的图像，相同面积内的网点数量是一定的，只是大小不同。但用不同加网线数表现同一幅图像时，则会有不同的效果。显然网目线数越高，网点就越精细，能够表示更多的图像细节，即对图像层次的表现越丰富，否则图像层次就缺乏。

　　由于印刷条件的限制，并不是网目越精细越好，而应根据印刷条件和实际需要进行选择，例如报纸印刷可采用30～40线/厘米的粗网目，大型户外广告甚至可用10线/厘米左右，而在印刷高级挂历、书刊中精美插图、旅游风景画片等精细图片时，就应采用精细网目，如60～80线/厘米。此外还应考虑承印材料的特性，加网线数越高，对纸张表面光滑度要求也越高。

2. 网目角度

网目角度是相对于图像的水平边缘或垂直边缘而言的网点排列的方向。网点排列方向指一张网目调图像中,网点首先在视觉上连成一条线的方向。单色图像复制时,一般使用 45°网角,因为网角为 45°时的图像对视觉干扰最小,能产生平滑、舒适、不刺眼的感觉。对彩色图像的加网复制,各色版的加网角度则应相差一定的值。

3. 网点形状

网点形状是指网目调图像中 50%阶调处网点的外形。常见的网点形状有圆形网点、方形网点和链形网点,不同形状的网点对图像阶调的表现效果不一样。网目调图像中,随着图像阶调的加深,网点开始搭接,随着网点的继续增大(调值加深),网点开始逐步相互部分重叠,这时当有网点增大时,图像调值会陡然增加,印刷中称这种情况为调值跃升(或调值断裂)。圆形网点和方网点都是在网点的四个方向同时搭接,所以圆形网点较适合于中间调层次和高调层次丰富的图像的再现,方形网点则较适合于中高调层次丰富的图像层次再现。而由于链形(或椭圆形)网点的搭接分两次进行,所以将调值跃升进行了两次分配,使调值跃升减缓,而且两次跃升避开了中间调,因此,链形网点特别适合于以中间调为主的、细微层次丰富的人物风景画面的加网。

### 5.5.2　调频加网技术

所谓调频加网(Frequency Modulation,FM)是指用相同大小的网点在空间分布的频率表现图像层次的加网技术。由于调频加网的网点是随机分布的,所以也称为随机加网技术(Random Screening)。

调频加网在加网的每个网格单元内随机分布着大小固定的微粒点,由微粒点的分布密度即单位面积内微粒点的多少控制灰度,而不是用网点的大小表示图像灰度。因此调频加网与调幅加网的区别在于:调幅加网是保持网点的空间频率(间隔)不变,而用网点的振幅强弱（即网点大小）表现图像深浅；调频加网则是保持微粒网点的振幅（大小）固定不变，而用微粒点的空间频率（间隔）变化表现图像深浅，如图 5-4（a）所示；调幅加网的网点是一种点聚集态的网点，而调频加网的网点是一种点离散态的网点，如图 5-4（b）所示。

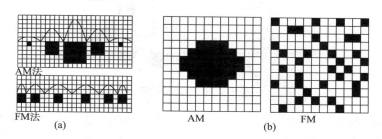

**图 5-4  AM 与 FM 的区别**

调频加网的网点通过随机方式产生，即通过随机加网函数产生的随机数来决定随机网点网格中每个微细网点的位置而产生的。产生随机数的方法很多，一般可用各种计算机程序设计语言中的随机函数。每个网格单元中微细网点的个数与对应网格的图像灰度级相对应，即图像灰度值越大，微细网点数越多。

首先要把网格单元细分为若干子网格（cell），并编上号，所分子网格数的多少与需输出的图像灰度级数对应。产生随机网点时，根据图像灰度级，利用随机函数产生相对应个数的随机数，使网格中对应编号的子网格置 1，即在相应子网格中产生一个随机点，若所产生的随机数在同一网格中重复或超出了子网格的编号范围，则需重新调用随机函数，直至所产生的有效随机数的数目与图像灰度级相对应为止，最后在置 1 的子网格中各产生一个微细网点，如图 5-5 所示。

### 5.5.3  数字加网基本原理

虽然传统的利用网屏的模拟加网技术很好地解决了图像阶调再现的问题，但随着数字技术的发展，与数字图像的处理、输出相适应的数字加网技术应运而生。数字加网技术是从传统的模拟加网技术发展而来的，因此它与传统的模拟加网技术有着密切的联系。目前的数

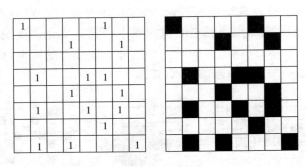

图 5-5　调频加网过程

字加网技术主要有以网点的大小表现图像阶调的点聚集态网点技术，和以网点的数量多少表现图像层次的点离散态网点技术两种。

1. 点聚集态网点技术

点聚集态网点技术是模拟传统的照相制版方法，以网点大小来表现图像阶调。如果设备分辨率远远高于图像分辨率，那么可以利用由 $n \times n$ 个设备记录像素点组成的栅格图案（即网目调单元）来代替图像中不同灰度值的采样点，从而使每一个网目调单元都可以有 $(2^n+1)$ 个不同的灰度级，但这时设备的空间分辨率实际已降低为原来的 $1/n$。由此可见，点聚集态网点技术是以降低设备的空间分辨率为代价的。通常点聚集态网点技术又分为有理正切加网、无理正切加网和基于有理正切加网的超细胞结构加网。

（1）有理化正切加网基本原理

数字加网的一个网目调单元是由 $n \times n$ 个记录栅格组成的，显然，当网目调单元的四个角点和记录栅格的角点重合时，每一个网目调单元由相同数量的设备像素组成。在这种情况下，当数字图像的灰度值相同时，在网目调单元中形成的网点形状也是相同的，也就是说，当网目调单元的角点与记录栅格的角点重合时，同样面积率的网点将具有完全相同的轮廓形状，并包含相同数量的曝光光点数。因此对同一阶调的图像网点即相同百分比的网点，只需描述一个网点如何在一个网目调单元中生成，就能准确地指令其他网目调单元产生同一面积率的网点。当网目调单元的每一个角点与输出设备记录栅格的角点重合时,加网角度的正切则为两个整数之比,如图 5-6 所示,即为有理数,这种加网角度的正切为有理数的加网技术称为有理化正切加网(Rational Tangent Screening)。所以有理化正切加网是数字化网点技术的基础,其技术核心是:

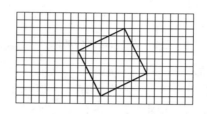

图 5-6　有理正切加网

① 每一个网目调单元的角点必须准确地与栅格输出设备的格网(记录网格)角点重合;

② 每一个网目调单元的形状和大小相同,使得同样的网点形状在记录网格上重复复制;

③ 所获得的网点角度的正切为有理数(两个整数的比值)。

为采用有理化正切法覆盖在记录网格下的网目调网点,其网目调网点子点的各顶点准确地与记录网格重合,即要使网点排列角度的正切值为两个整数之比,而在传统的加网方式中,各色版的加网角度通常排列为 0°、15°、45°、75°,其中的 0°和 45°的正切值是有理数,即可用于有理化正切加网中,而 15°和 75°的正切值为无理数,即不适合有理化正切加网。要使之适合有理化正切加网,就必须将其加网角度适当旋转,当为 18.435°(通常取 18.4°)时,网目调单元的各顶点刚好与记录栅格的角点重合(tg18.4°=1/3),也就是说,可以满足有理化正切加网的要求,所以在数字式电分机中最常采用 0°、±18.4°、45°的加网角度组合。

(2) 无理化正切加网基本原理

当加网角度的正切为有理数时,网目调单元的角度可以与记录栅格的角度准确重合,但实际中并非总能做到。如图 5-7 所示,在某一加网角度时,网目调单元只有一个角点(左下角)与记录栅格的角点重

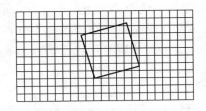

图 5-7　无理正切加网

合,其他三个角点都不能与记录栅格的角点重合,也就是说这时的加网角度的正切不是两个整数之比,而有可能是一个无理数,这种加网角度的正切为无理数的加网称为无理化正切加网。

无理化正切加网通常采用以下两种方法实现。

① 逐点修正法。这种方法是根据实际要求的加网线数和加网角度,精确地计算并判断每一网目调单元的栅格点阵及其特点,由此获得网点的大小和形状,再对网目调单元的角度一个接一个地修正。显然,用这种方法可获得高质量的加网图像,但数据处理计算量非常大,对每个网目调单元的逐个修正将花去大量的计算时间,因此对光栅图像处理器以及加网计算机的运算速度要求极高,同时需要庞大的存储空间来临时存放处理的中间结果。

② 强制对齐法。这种方法是对无理正切加网的加网角度的对边和邻边取整,强制网目调单元的顶点与记录网格的角点重合,从而形成有理正切网点。这时就必须对所需的加网角度和加网线数进行调整,求出最接近的角度和加网线数。具体调整过程如图 5-8 所示。

设所需加网角度为 $\alpha$,$\alpha$ 角的对边和邻边分别为 $\mathrm{d}y$ 和 $\mathrm{d}x$,加网线数为 $f$,输出分辨率为 $P$,则网目调单元的边长为 $P/f$,并有下列关系式:

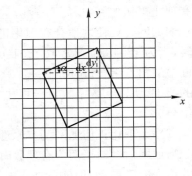

图 5-8　强制对齐法

$$\begin{cases} \mathrm{d}x^2 + \mathrm{d}y^2 = \left(\dfrac{P}{f}\right)^2 \\ \mathrm{tg}\alpha = \dfrac{\mathrm{d}y}{\mathrm{d}x} \end{cases} \tag{5-6}$$

根据上式求出 $\mathrm{d}x$ 和 $\mathrm{d}y$ 的值,然后对他们取整:$DX = \mathrm{int}(\mathrm{d}x)$,$DY = \mathrm{int}(\mathrm{d}y)$;再把 $DX$、$DY$ 的值代入式 5-7,反过来分别求出调整后的角度 $\alpha'$ 和调整后的加网线数 $f'$,可知:

$$\begin{cases} \alpha' = \mathrm{arctg}\dfrac{DY}{DX} \\ f' = \dfrac{P}{\sqrt{DX^2 + DY^2}} \end{cases} \tag{5-7}$$

按上述方法,即可根据需要的加网线数和加网角度,计算出调整后的实际加网线数和加网角度。

（3）超细胞结构加网基本原理

在有理化正切加网技术中,如果希望得到 15°角的网角,近似的一个方法是使用正切值为 1/3（18.4°的加网角度）,而更好的是 3/11（arctg3/11＝15.255°）,进而是 9/34（14.826°的正切值）,如果用 15/56（14.995°的正切值）,则与 15°更接近,其误差为千分之五,假若使用 41/153（15.001°的正切）,其误差便降为千分之一。随着分子分母数字的增大,角度的近似可以不断改善,但它总会越过一个边界,即超过了这一边界的进一步精确,便不再有任何意义,达到这一目的所使用的方法就是采用"超细胞"的概念。一些以 PostScript 语言为基础的数字加网技术设计了一种非常接近常规加网角度的方法,即设置由数个网目调单元组成的超细胞,并将这样的超细胞单元角点与输出设备的像素角点重合。超细胞是一个由多个网目调单元组成的阵列,比如一个 3×3 的超细胞是由 9 个网目调单元组成的,如图 5-9 所示。

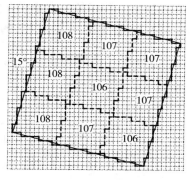

**图 5-9　超细胞结构单元**

由于一个超细胞是超尺寸的网目调单元（超大网目调单元），超细胞网点的生长是从多个中心点开始的。如对一个由 9 个网目调单元组成的超细胞，它有 9 个中心点。只要超细胞的四个角点与输出设备的像素角点重合，则每一个这样的超细胞有相同的形状，并包含相同数量的网目调单元和曝光点。

超细胞的尺寸与网目调单元相比要大得多，因此在输出设备的记录平面上有许多可以放置超细胞的点，使得超细胞的角点与记录设备的像素角点重合。因此，用超细胞结构可以以很高的精度逼近传统的加网角度，并使得各色版的加网线数基本相同，从而保证复制精度的提高。

2. 点离散态网点技术

如前所述，点聚集态网点技术是一种调幅加网方式，而点离散态网点技术是一种调频加网方式。在点离散态网点技术中，网点是由直径相同的胞点以随机分布的方式来组成，而并不聚集成团，虽然它们仍以不同面积百分比来表示灰度，但它的表示方式是以胞点出现的频率来表达的，即以单位面积内网点数量表现图像的阶调层次。

点离散态加网技术的实现方法主要有模式抖动加网和误差扩散抖动加网两种。

（1）模式抖动加网的基本原理

模式抖动加网的一般原理如图 5-10 所示。一般来说，如果数字图像的分辨率与二值设备的分辨率相同，那么可以采用抖动技术来实现数字加网。假定有一个 $m \times n$ 的伪随机抖动矩阵（也称为伪随机阈值矩阵）$D_{ij}$，若数字图像中某点的坐标为 $(x, y)$，则它在抖动矩阵中的

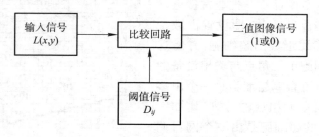

**图 5-10　模式抖动加网的基本原理**

相应位置$(i,j)$应该为：$i=x$ mod $m$，$j=y$ mod $n$（mod 表示取模运算）。如果像素点$(x,y)$的亮度值$L(x,y)$满足$L(x,y)>D_{ij}$，那么该点的亮度值就被置为 1（白），否则置为 0（黑），反过来也一样，即白为 0，黑为 1。以上是对灰度图的抖动过程。对于彩色图像，同样可用 Bayer 抖动进行处理，过程与抖动一幅灰度图像基本相同。任何彩色图像可分解为 R、G、B 三幅灰度图像，要抖动一幅 RGB 图像，需进行三次抖动：分别抖动图像中各像素点的 R、G、B 色值，这样对每一个源像素形成 3 位，每一位表示其相应色彩全开或全关。因此，对彩色图像进行 Bayer 抖动后，得到的结果是一幅用 8 色表示的图像。虽然看起来用 8 色抖动处理 256 色图像有点儿粗糙，但这种结果对于快速和难以表示的色彩的表达却是很有效的。

在通常情况下，经这种抖动算法后所得到的二值图像均会带有该模式的痕迹，从而导致噪声的出现，这是在数字加网处理的过程中所不愿意看到的。因此为了防止由抖动处理所产生的人工痕迹，人们都是预先在原始信号或阈值信号中加入抖动信号（即无规则噪声），然后再进行相应的处理。

（2）误差扩散抖动加网基本原理

在模式加网抖动中，当数字图像中像素的亮度值大于或等于伪随机抖动矩阵中的相应阈值时，就直接将其置为 1（白），否则置为 0（黑），这样必然会存在着一定的灰度值误差。但是如果这个误差被扩散到了周围的像素中，然后再进行抖动处理，那么它对最后的二值图像的影响就没有以前的那样明显了。而且这样也相当于在原始信号中预先加入了抖动信号，然后再进行相应的处理时，即可避免由抖动处理所产生的人工痕迹，这就是误差扩散抖动加网，其基本原理是：首先对数字图像中像素点的灰度值进行归一化处理，并作为误差扩散抖动处理器的输入信号$I_{xy}$；信号$I_{xy}$在进行阈值比较前先被加入误差过滤器中的输出值$E_{xy}$，以得到用于进行实际比较的输入信号$T_{xy}$；然后再对信号$T_{xy}$进行阈值处理，即可得到最后的二值信号（1 或 0）。其中，由误差过滤器产生的输出值$E_{xy}$实际就是对与当前像素相关的各点处的误差扩散求加权平均的结果，而相关性又是与具体的误差过滤器有关的。

采用误差扩散抖动技术加网,能够使噪声成分降至最低,并产生更高的细节分辨率。

# 5.6　图像处理技术

数字印刷输出之前的图文处理的关键是图像的处理,对图像处理也是印前处理中最复杂的一个方面。在对图像作印前处理时,必须综合考虑数字印刷机的输出特性及对印刷产品的要求等方面的因素。

## 5.6.1　图像阶调层次调整

由于从原稿到印刷品要经历一系列工艺过程,其中会受到种种条件的限制和影响,同时还必须满足视觉对原稿层次的再现要求,因此必须进行层次校正。对图像的层次校正,实际是通过改变图像的灰度值实现的;要想获得理想的层次再现效果,就必须对影响图像层次再现的因素作统一考虑,并通过层次再现曲线来作为控制的依据。

1. 图像层次调整基本原理

在印刷复制中,由于印刷条件的限制,印刷品上所能达到的最大密度是有限的,而原稿密度范围则一般都超出了印刷所能再现的最大密度范围,即复制品的最大密度常常低于原稿最大密度。因此,需要在复制过程中对原稿密度范围压缩,使原稿上的整个阶调范围都能在复制品中表现出来。原稿密度范围压缩应根据视觉特性和图像特征进行。最有名的压缩方法为孟塞尔压缩方法,即根据式 5-8,将原稿密度范围按等明度视觉压缩在印刷品密度范围内,阶调压缩曲线如图 5-11 所示。

$$D_p = 2\left\{1 - \lg\left[10^{-\frac{D_{p\max}+1}{2}} + \frac{10 - 10^{-\frac{D_{p\max}+1}{2}}}{10 - 10^{-\frac{D_{o\max}+1}{2}}}\left(10^{-\frac{D_o}{2}+1} - 10^{-\frac{D_{o\max}+1}{2}}\right)\right]\right\}$$

$$(5\text{-}8)$$

式中　　$D_{o\max}$——原稿图像的最大密度;

$D_{p\max}$——印刷品图像所能再现的最大密度;

$D_o$——原稿图像密度;

$D_p$——印刷品对应原稿密度为 $D_o$ 处的密度。

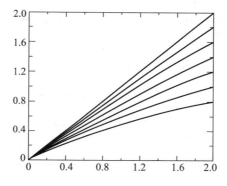

**图 5-11 孟塞尔压缩曲线**

2. 图像灰度变换

在现代图像印前处理中,对图像的阶调层次的调整,实际是通过图像的灰度变换来实现的。

(1) 灰度直方图

在一幅图像中,具有不同灰度值的图像面积(对连续调图像而言)或像数数目(对数字图像而言)一般是不同的。若图像偏亮,则图像中灰度值大的图像面积或像数数目必然就少,反之则多。

灰度直方图就是用来表示图像灰度分布状态的一个统计表,如可用横坐标表示灰度值,纵坐标表示出现各个灰度值的图像面积的大小或像素数目。灰度直方图实际反映了不同灰度值 $D$ 的面积或像素数目在整幅图像中所占的比例,从而进一步反映出图像中所含的信息量。很显然,灰度直方图与图像中各像素的位置及图像形状无关,它只是一个统计表。

① 连续调图像的灰度直方图

对连续调图像 $f(x,y)$ 而言,因其灰度值是连续变化的,所以求某一灰度值 $D$ 的图像面积之和 $P(D)$,只能以极限的方式求取,即:

$$P(D) = \lim [A(D+\Delta D) - A(D)] / \Delta D \tag{5-9}$$

且

$$\int_{D_{\min}}^{D_{\max}} P(D) \mathrm{d}D = 1$$

式中设图像的总面积为 1，$P(D)$ 为图像中灰度值小于 $D$ 的图像面积之和。由此作出 $D$—$P(D)$ 曲线，即为连续调图像的灰度直方图，如图 5-12 所示。

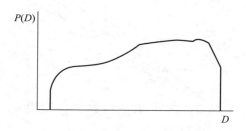

**图 5-12　连续调图像灰度直方图**

② 数字图像的灰度直方图

由于数字图像的灰度值呈离散分布，因此可直接计算出某一灰度值 $D_i$ 的像素的概率，如对 $M \times N$ 个像素的数字图像，像素灰度值为 $D_0$、$D_1 \cdots\cdots D_{k-1}$，出现灰度值为 $D_i$ 的像素的概率 $P(D_i)$ 为

$$P(D_i) = \frac{\sum D_i}{M * N}(i = 0, 1, 2 \cdots k-1) \tag{5-10}$$

且

$$\sum_{i=0}^{k-1} P(D_i) = 1$$

由此即可绘出 $P(D_i)$—$D_i$ 曲线，显然，由于 $D_i$ 是离散的，数字图像的灰度直方图曲线是不连续的，如图 5-13 所示。

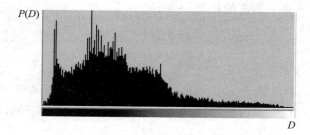

**图 5-13　数字图像灰度直方图**

（2）灰度变换

灰度变换是指根据某一目标要求,按一定的变换关系逐点改变原图像中某一个像素的灰度值,而得到一幅新的图像的方法。事实上,灰度变换就是由原图到新图的灰度级的逐点映射,所以它不会改变图像数据中的相关信息。

设原图中某一像素的灰度值为 $D=f(x,y)$,变换后在新图中对应像素的灰度值为 $D'=g(x,y)$,则其灰度变换关系可表示为:

$$D'=G(D)$$

或
$$g(x,y)=G[f(x,y)] \tag{5-11}$$

其中函数 $D'=G(D)$ 可以是一个线性函数,也可以是一个非线性函数,即灰度变换分为线性变换和非线性变换。

① 线性灰度变换

成像过程中的许多因素(如曝光不足或显影不足等)都可能会引起所得图像的实际密度范围 $[D_{min},D_{max}]$ 比人们所希望得到的密度范围 $[D'_{min},D'_{max}]$ 要小,即 $D'_{min}<D_{min}<D_{max}<D'_{max}$,因此,使得图像对比度不强、细节分辨率下降,这时若将图像的灰度线性扩展,则可改善图像的质量,所以可采用如下线性变换得到密度范围为 $[D'_{min},D'_{max}]$ 的图像:

$$g(x,y)=\frac{D_{max}'-D_{min}'}{D_{max}-D_{min}}[f(x,y)-D_{min}]+D_{min}' \tag{5-12}$$

变换曲线如图 5-14(a)所示。

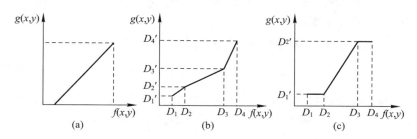

图 5-14　线性灰度变换曲线

实际运用中,通常对图像的高、中、低调的灰度分别采用不同程度的线性扩展,甚至对部分阶调处的灰度级还须进行线性压缩,如图 5-14

(b)、图 5-14(c)所示,这就要采用分段线性变换的方法,其变换关系可表示为:

$$g(x,y)=\begin{cases} \dfrac{D_2{}'-D_1{}'}{D_2-D_1}[f(x,y)-D_1]+D_1{}' & f(x,y)\in[D_1,D_2] \\[2mm] \dfrac{D_3{}'-D_2{}'}{D_3-D_2}[f(x,y)-D_2]+D_2{}' & f(x,y)\in[D_2,D_3] \\[2mm] \dfrac{D_4{}'-D_3{}'}{D_4-D_3}[f(x,y)-D_3]+D_3{}' & f(x,y)\in[D_3,D_4] \end{cases}$$

(5-13)

当 $D_1{}'=D_2{}'$,$D_3{}'=D_4{}'$ 时,是实际中常用的一个灰度变换的特例,如图 5-14(c)所示,变换关系为:

$$g(x,y)=\begin{cases} D_1{}' & f(x,y)\in[D_1,D_2] \\[2mm] \dfrac{D_2{}'-D_1{}'}{D_3-D_2}[f(x,y)-D_2]+D_1{}' & f(x,y)\in[D_2,D_3] \\[2mm] D_2{}' & f(x,y)\in[D_3,D_4] \end{cases}$$

(5-14)

从上述变换可看出,数字图像经灰度变换后,图像的像素数目不变,灰度级数也不变,只是灰度级差改变了,即图像反差改变了。

② 非线性灰度变换

非线性灰度变换是指采用非线性函数来实现图像的灰度变换。如采用对数函数、指数函数等对图像实现灰度变换之后,可得到具有不同特性的结果图像。

a. 对数变换。对数变换一般采用下列关系式:

$$g(x,y)=a+\frac{\ln[f(x,y)+1]}{b\ln c}$$

(5-15)

通过改变常数 $a$、$b$、$c$ 的值,可调整变换曲线的位置和形状,通过对数变换后,对图像的低灰度区有较大的扩展,而对高灰度区则会产生一定程度的灰度压缩。

b. 指数变换。指数变换一般采用下述变换关系式:

$$g(x,y)=b^{[f(x,y)-a]}-1$$

(5-16)

同样,通过改变常数 $a$、$b$、$c$ 的值,可调整变换曲线的形状和位置。

指数变换的特点是对图像的高灰度区会产生较大的扩展。因此，在实际中，可根据不同的变换目标选用不同的非线性变换函数。

（3）灰度级压缩

为获得画面精细、反差适中、层次分明、细节丰富的图像效果，在获取图像信息时，一般都以尽可能多的灰度级数来记录图像像素，但是由于受到人眼视觉对灰度分辨阈限和输出设备对灰度分辨率的限制，输出图像的灰度级数并非越多越好。因此，在输出时，要采用一定的方法来适当降低图像像素的灰度级数，即灰度级压缩。当然灰度级压缩必然会损失图像信息，但这种损失应尽量不让人眼觉察到。

目前，对图像灰度级压缩大多采用均匀合并的方法，即对一幅 $I \times J$ 个像素的灰度图像而言，采用下式进行灰度级压缩：

$$G(i,j) = INT[g(i,j)/g_{max}(n-1)+0.5] \quad i \in [0,I], j \in [0,J]$$

$$(5-17)$$

式中　　　$g(i,j)$——压缩前图像像素的灰度值；

$\qquad\qquad G(i,j)$——压缩后图像像素的灰度值；

$\qquad\qquad g_{max}$——$g(i,j)$中的最大灰度值；

$\qquad\qquad n$——压缩的灰度级数。

3. 图像阶调层次调整方法

对图像阶调层次的再现效果是评价印刷复制质量的重要指标之一。如前所述，采用加网的方式可较好地再现原稿连续变化的阶调层次，但实际中由于许多因素的影响，对层次的复制效果往往不尽如人意，或者人们对图像层次的再现有特殊的要求，因此，在图像复制过程中，必须进行阶调层次的校正。层次校正也称为层次调整，是指在图像复制过程中，采用一定的方法补偿图像因受到诸多因素的影响而产生的层次缺陷，以获得满意的层次复制效果。

在 DTP 图像处理系统中，对图像层次的校正可通过图像处理软件的相应功能实现。在 Adobe Photoshop 中，可通过 Levels、Brightness/Contrast、Curves 曲线的调整实现对图像层次的校正。

（1）Levels 工具

Levels 是色阶分布调节工具，利用它可调节图像主通道和各分色通道的阶调层次分布曲线。Levels 的各项功能如图 5-15 所示，通过调节或输入各项参数，即可实现对图像层次的调整。

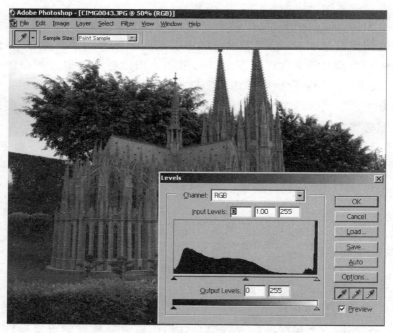

**图 5-15　Levels 对话框**

（2）Brightness/Contrast 工具

Brightness（亮度）主要是改变图像整体的明暗层次，而 Contrast（对比度）则主要改变图像色彩灰度的反差。打开 Adobe Photoshop，进入如图 5-16 所示的 Brightness/Contrast 对话框。对图像的亮度进行调节时，相应的图像数据将发生均匀线性的变化。当亮度输入值为负数时，则图像整体变暗，如同在整个图像上蒙上一层灰，当亮度输入值为正数时，则图像整体变亮，相当于将图像整体减薄了一层。用 Contrast 调节图像时，它以 60%～70%之间的某段或某个数为中心不变，两边分别增大或减小。当对比度输入值为正值时，则图像亮调部分网点百分比减小，而暗调部分的网点百分比增加，使得图像的对比

图 5-16 Brightness/Contrast 对话框

更加强烈。当对比度输入值为负值时，则图像亮调部分网点百分比增加，而暗调部分的网点百分比减小，使得图像的对比减弱。

（3）Curves 工具

Curves 与 Levels 的用途类似，但它还可以对图像灰度曲线上的任何一点进行调整，并能保证调整后的图像自身的阶调层次不受损失。打开 Adobe Photoshop 进入如图 5-17 所示的 Curves 对话框。图中坐标曲线的横坐标表示图像的原始输入值，纵坐标表示图像经该工具调节后的输出值。图中 Channel 是对通道选择的调节，可以选择对 RGB 或 CMYK 的整体调节，也可选择单个颜色通道来调节，如需将图像整体加暗或提亮往往选择前者。若要改变偏色或增减某色版的数据量，则使用单通道调节的方式。

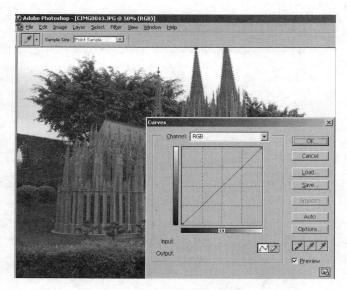

**图 5-17 Curves 对话框**

### 5.6.2 图像颜色校正

色彩校正的方法多种多样。对于高档输入设备,在图像输入过程中就可以进行色彩的初步校正,在图像处理过程中,可以就图像的色彩进行具体的分析和最后的校正处理。Adobe Photoshop 软件中提供了多种色彩调节工具进行色彩校正,在其 Image/Adjust 下拉菜单中具有多个命令,这些功能各有其优缺点,应在不同的条件下使用相应的功能,以达到最佳效果。

1. Levels 和 Curves

当对图像的色彩进行调节时,经常会使用 Levels 和 Curves 这两个命令。Levels 和 Curves 不仅具有良好的层次校正功能,同时还具有良好的色彩校正功能,可以利用它们对图像的整体色调进行调节,也可以分通道来进行调节。

2. Color Balance

Color Balance(色彩平衡)命令可用于调节图像的亮调、中间调和暗调部分各自颜色的组成,如图 5-18 所示。色彩平衡技术是对单独色彩的改变,但是在某种程度上它会影响到图像中的其他颜色。

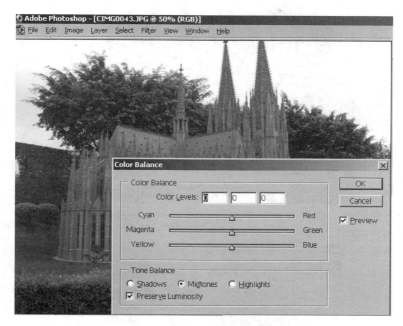

图 5-18　Color Balance 调节

3. Hue/Saturation

Hue/Saturation(色相/饱和度)可以用来改变图像的色彩组成、颜色的饱和度及图像的亮度值,该工具主要用于在 HSB 色中编辑图像。如图 5-19 所示的对话框,Hue 值的变化范围为$-180°\sim180°$,显示颜色依次为 C、B、M、R、Y、G、C,形成一个封闭的色相环。Saturation 和 Lightness 的变化范围为$-100\sim100$,分别用来改变图像颜色的饱和度和图像亮度。

4. Replace Color

Replace Color(替换颜色)工具同时具有选取和改变颜色的功能,通过该工具可建立一个此区域以外的蒙版 Mask,然后再对该区域进行颜色的色相、饱和度、亮度的调节,如图 5-20 所示。

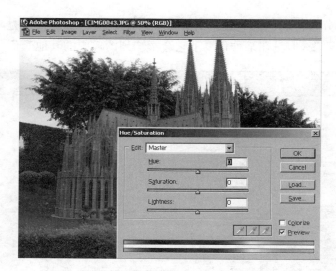

图 5-19　Hue/Saturation 对话框

图 5-20　Replace Color 调节工具

5. Selective Color

Selective Color(可选颜色)可选颜色工具,又称为选择性校色工具,该工具的功能为:先选择颜色,然后改变其数据,如图 5-21 所示。

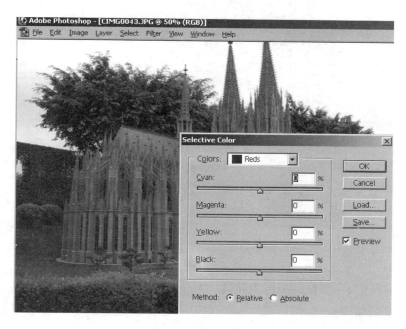

图 5-21 Selective Color 调节工具

6. Desaturation

Desaturation(去色工具)可用来将 CMYK 彩色图像转化成相应的灰度等级,同时使青色、品红色与黄色的数据保持相同。黑色数据基本保持原四色中黑色的数据不变。

此外还有 Variations(变化工具)可以多视图、更直观地调节图像或某一选择区域的色平衡、反差及饱和度,如图 5-22 所示。

图 5-22　Variations 调节工具

### 5.6.3　图像细微层次强调

对图像清晰度的调整包括对图像清晰度的强调即锐化、图像的平滑处理，及对网目调图像的网点模糊化处理即去网。

1. 图像锐化

由于在图像复制过程中有很多不可避免的因素会影响图像的清晰度，因此在图像复制过程中通常要对图像进行清晰度强调处理。Photoshop 中包括四个清晰度调节选项，如图 5-23 所示：Sharpen（锐化）、Sharpen Edges（锐化边缘）、Sharpen More（较多锐化）和 Unsharpen Mask（虚光蒙版）。

（1）Sharpen、Sharpen More、Sharpen Edges

Sharpen、Sharpen More 滤镜均是通过提高与周围像素点的对比度来提高图像的清晰度，但后者效果比前者明显。Sharpen Edges 滤

**图 5-23 图像清晰度调节工具**

镜仅锐化图像的边缘。

（2）虚光蒙版 USM(Unsharpen Mask)

虚光蒙版技术来源于传统照相术，通过虚光蒙版的作用来提高复制品的清晰度，是基于较多的细节变化能够有助于眼睛对图像的聚焦，从而使观察者得到清晰的感觉。所以若能在扫描得到的图像上人为添加一些与内容有关的轮廓细节，而这些添加并不过分时，观察者就会觉得图像更加清晰。

在 Photoshop 软件中，可以通过数字滤波的方式来实现虚蒙的效果，但其原理则与传统照相术所依据的完全相同，即先针对扫描图像，在软件内部生成一个虚化的像，并按一定的数学规律，逐点进行处理。

在锐化(Sharpen)下拉菜单中选择虚光蒙版(Unsharp Mask),将出现如图 5-24 所示的对话框,对话框中各参数的含义如下。

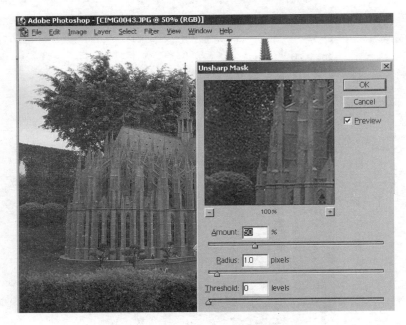

图 5-24　Unsharp Mask 对话框

① 虚蒙量(Amount)。该参数设置表示参加运算的像素之间变深变浅的剧烈程度,即沿着边缘产生的对比度增强的程度。由于虚蒙的最终效果,是增加在边界或细节处相邻像素之间在亮度或网点百分比之间的差额,这个差额是以百分比来计算的,它表示通过虚蒙后边界两侧亮度差增加的百分比,即边界两侧亮度差增强的程度(或称虚蒙量)。在 Photoshop 中,这个数值的范围可在 0~500％之间任意选取,而建议的缺省值是 50％。在实际应用过程中,这个量可以超过100％,通常在 30％~80％之间选取,图像较小(2~3MB 或更小)时,可选用 30％~40％,图像较大时(大于 10MB),可选用 50％~200％或更大,具体的数值及效果与所设的半径也有连带关系。选择过分后,会使边界外出现镶边。

② 半径(Radius)。半径表示符合锐化条件的某个像素在锐化时使周围的多少个像素同时参加运算,也即虚蒙作用完成后像素的亮度在多大半径的范围内实现边界的亮度过渡。由于虚光蒙版像与原像相互作用,从而提高清晰度的程度,在用数字方式实现虚蒙作用时,相对虚光的程度是通过对画面人为制造一个虚化的辅助像,并将各像素与其"邻居"进行平均来体现的。Photoshop 中半径值允许在 0.1～250 个像素之间任意选取,它的常用值是 1.0。半径选择不当时,可能造成在图像明暗边界处的"硬边",半径过大,硬边将较宽,并使图像失去自然特性。半径值以像素为单位,若取 1.0,在明暗过渡区将产生每侧占两个像素的过渡,通常设置方法为:

$$半径＝图像分辨率/200 \tag{5-18}$$

如当图像采用 300dpi 扫描时,可取半径为 1.5。

③ 阈值(Threshold)。阈值表示当相邻两像素之间的差值超过该值时,这两个像素才做锐化运算,否则保持不变,该设置决定了边缘中存在的相邻像素之间的色调值的最小差别。由于虚光蒙版作用于整个画面的每个像素,它可以提高任何相邻的像素之间亮度的差距。有时画面有大片的平缓变化区。这些地方亮度差别不大,从而有柔和细腻的质感,若对这种亮度区别不大的地方也须加虚蒙效应,常常容易造成人为的起伏,严重时会将原来看不出来的噪声和胶片的纹理等显露出来。阈值的单位是亮度等级,其范围为 0～255。若设置为零时,所有像素点不加选择全部进行清晰化处理,使得像素之间的对比度被夸大,这样就发挥不出 USM 精细的功能。在实际使用中,这一参数与原稿的关系很大,没有一个标准值。对于幅面较小的原稿,可在 2～6 之间选取,而有些仪器和建筑照片,为了突出边界处的突变,可以取大一些。

2. 图像平滑处理

在彩色印刷复制过程中为了保证诸如肤色、丝绸质感之类的复制及艺术再现需要,亦需使图像平滑、柔和、降低锐度。这种消除图像的噪声及满足彩色复制特殊需要的方法,在图像处理中就称为图像平滑。

图像的平滑可以采用邻域平均法以及低通滤波器法。邻域平均法是一种在空间域上对图像进行平滑处理的最常用方法,该方法的核心是求出图像中以某点为中心的一个邻域范围内的图像像素之平均值,并以此平均值作为该中心点的灰度值。低通滤波器法是图像信息频谱处理的方法之一,它是对图像进行频谱变换后,利用滤波器转移函数与图像信号的卷积来完成。图像的平滑能有效地抑制噪声的影响,同时图像细节的清晰度也有所下降。

在 Photoshop 中,常采用模糊(Blur)滤镜来进行图像的平滑处理。

3. 印刷品的去网

当选择印刷品作为原稿时,由于图像中已经存在有规律的四色网点图案,如果在扫描过程中不进行去网工作,不同角度的网点图案会再次发生干涉,从而产生很难看的网格状龟纹,在印前处理中可以通过以下几种方法来解决此问题。

(1) 在扫描过程中去网

在扫描过程中去网有硬件去网和软件去网两种方法。硬件去网一般在高档滚筒扫描仪中使用,即在扫描输入印刷品时,将扫描镜头焦点调虚,光孔增大,以使网点的边界模糊。不过对于调虚程度一般难以控制,因为调虚太厉害,会使图像清晰度大大降低,调虚不够则达不到去网效果。在使用有刻度的扫描镜头时,可以先将焦距调节清晰,然后再通过控制刻度数据将镜头调虚。对于平板扫描仪一般不采用硬件去网法,而是直接采用软件去网。在滚筒扫描仪、平板扫描仪以及幻灯片扫描仪的扫描软件中都包含有去网滤镜,可以通过去网滤镜自动地去除事先已经存在的四色网点图案,但在使用之前,要先确定印刷品原稿的加网线数,以使该项工作顺利完成。

(2) 后期处理中去网

在前期扫描过程中对印刷品原稿进行去网可以提高工作效率。但在扫描过程中去网由于调节或设置不完全正确,有时会导致扫描后的数字图像未能完全去除网点,就必须在后期进行处理。在 Photoshop 软件中去网主要是采用去除噪声的方式(Filter/Noise)。

Despekle:Despekle 滤镜使像素点周围产生模糊,它主要用于去除图像中的杂点或扫描的印刷品中较小的网点。

Dust & Scratches:选择 Dust & Scratches 命令,将出现如图 5-25

图 5-25 **Dust & Scratches** 对话框

所示的对话框。Dust & Scratches 滤镜通过模糊一个给定半径范围的像素点来去除图中的杂点，它能够处理较大的杂点和网点。Dust & Saratches 允许用于设定去噪的半径（Radius）和阈值（Threshold）。在对话框中，Radius（半径）用于设定去噪的半径范围，Threshold（阈值）表示当相邻像素间差值大于此值时才做模糊。Dust & Scratches 不仅用在处理印刷网点，还可用于去除照片中一些较大的偶然造成的脏点，而保持原有的细微层次不受损失。实际操作中，阈值应比脏点与周围的像素的差值小，但又要比细节层次间的差值大。

　　Median：Median 滤镜是用一个区域内的平均明度值取代区域中心的明度值，用来减少选择部分的像素混合时产生的干扰。选择 Median 命令，将出现如图 5-26 所示的对话框，从对话框中可以看出，Median 没有阈值的限制，只要相邻两像素存在差异就进行模糊运算。模

**图 5-26　Median 设置对话框**

糊强度用半径值（Radius）来控制，参加模糊的像素越多，模糊得就越厉害，网点去除得就越干净，但调节损失越多，清晰度降低越多。因此，在去除网点与保持清晰度之间应选取最佳数值。一般可将图像缩放至与最终印刷品同样的大小，利用预显示调节 Radius 数值以网点刚刚去除的值为最佳数值。

　　在对印刷品原稿进行去网处理的时候，必然会使图像的清晰度降低和细微层次的损失，所以在去网过程中，应尽可能地利用四色加网特性，因为印刷品中四色油墨有主次之分，主色（青、品红、黑）网点明显，弱色（黄）网点不易分辨，而一幅图像中青、品红、黑往往又不是等比存在，也有主次之分，所以可将青、品红、黑、黄四色版作为四个独立的色通道，单独用不同的参数处理。如对于主色网点明显的色版，模糊时，其处理程度可加重一些，而对于弱色版则可以少做甚至不做模糊。另外，在输出时，可将主色版青、品红、黑三个色的角度进行调换，使之与原稿中的角度不一致。

## 5.7　排版与页面描述技术

印前图文处理的任务是获得满足印刷和复制要求的图文合一的页面信息，因此印前处理不仅仅是对图像本身的信息进行处理，还要根据对印刷品版式的要求，将多幅图像及文字等信息组合在一个版面上，这就是排版。

### 5.7.1　印刷页面的构成

印刷页面是由版面要素组成的，版面要素主要包括版心、空白、栏区、文字、插图、标题、照片、线、花边、底纹以及页码等，灵活使用版面要素，会使版面语言更加生动、活泼。除此之外，为了满足印刷工艺的要求，在印刷版面中还应包括一些印刷控制要素，主要有十字规线、角线、咬口和拖梢等。

1. 版心

版心是指文、图等要素在页面上所占的区域，是版面上的印刷部分，图文组版一般只在版心之内进行。编排与设计首先要考虑到的是版心，而作为读者，也是首先在版心方面形成基本感受的。版心的设计主要包括版心尺寸（大小）和版心在版面中的位置设计。版心的大小可以决定印刷版面给人的印象，甚至相同的文字、相同的照片，因版心大小及所留空白不同，会给人以不同的感受。版心大、空白小的版面富有生气，显得信息丰富；版心小、空白大的版面给人以格调高雅的恬静感觉，能让人以舒适的心情去阅读。

2. 文字

文字是读者与作者、版面设计者彼此沟通的视觉语言，是构成版面形式的主要因素。所以，文字在版面的编排与设计中占据着重要的位置。版面设计者应该应用美学原理和视觉形式的法则，探究文字点面、字体、字号、行间和编排等形态组合，设计出在特定的空间里，使之在视觉上很美、结构上很实用、机能较高的版面来。让读者能够即刻收到最高的视觉传达效果。

3. 标题

标题是正文的向导，是正文的灵魂，是编辑用精辟简练的语言把读者的心理或意识活动有指向性地调动起来，并予以集中的一种手段。版面中标题最引人注目，人们的阅读往往都是从标题开始的。标题的内容本身固然能牵动读者的目光，若再用恰到好处的艺术形式烘托标题，则会使标题因形象美而进一步产生吸引力。标题可起到美化版面、反应版面风格的作用。标题也是调整版面黑、灰、白色调的重要因素，若版面中无标题，通篇是文字，整版清一色灰调子，没有停顿间歇，未免呆板。标题排得是否恰当，是否美观，直接反映设计水平和排版的工艺水平，也影响着版面的整体风格和阅读效果。

标题的编排与设计一般包括：标题的字体、字号设计；标题在版面上的位置；标题的排版形式；标题的装饰和美化等。标题同正文、图、表及其他版面要素共处一个版面，所以，它不是独立存在的，标题的处理必须与其他版面要素有机地结合，统筹予以考虑。

4. 照片、插图

照片是原始事物的真实记录，是稍纵即逝的瞬间通过摄制、印刷等手段在杂志、报纸等印刷物上的再现，它有着直观解释正文内容或把读者带到"现场"中去的功能，一张好的照片不仅是一件艺术品，如果安排得当，还会起到调节版面气氛、增加版面美感的作用，它的作用是文字所不能替代的。

照片按其在版面上的形式可分为配文照片和独立照片两种。配文照片能使文章主题更加鲜明、突出、内容更加丰富；独立性照片，又称单发式或组合式照片，它以照片本身内容为主，以独立的视觉语言形式，向读者传达信息。照片在版面所占有的空间与文字有所不同，标题的字迹虽然重于正文，但在所占空间中还存在一定的空白；正文文字之间也存在一定间距，而照片的印迹则布满了所占版面的空间，因此在同样的版面空间中，照片的印迹和可视性效果重于文字。所以在安排照片的位置时，除了要考虑到它的新闻价值、实用价值等外，还要按照视觉规律，视线走向以及版面的艺术效果对其进行调整、平衡。

版面中,图片面积的大小,可以表现出在视觉上的和情感上的地位是否重要。把那些重要的并希望读者很快辨认出来的照片放大,再把从属的照片缩小,以此指示给读者。这是版面设计的一个原则,根据图片面积的大小,读者会估量其重要程度,了解设计者的意图。

对于超版心的照片及插图,其处理方式主要有出血和跨版。

出血即图的边缘超出成品尺寸,在裁切成品时被裁掉一部分,图的四周不留白边。出血图多被用于以图为主的出版物,如画册、画报、期刊杂志等。采用出血处理会使版面的气氛得到强调,有舒展之感,产生无限广阔的意境,从而给人以联想。

跨版图是将一个完整的照片或插图在某一部位裁开,分别排列在两个相邻的版面上,并在这两个版面上成为一体,当打开书时,所看到的是画面的整体。这种形式在画册、画报以及期刊杂志中极为常见,画面效果是舒展而开放的,常常会使读者得到深刻的印象。

5. 线和花边

在版面中使用线和花边的目的,一是为了突出某篇文章,二是对某篇文章的区域进行划分,三是填补版面空白,四是美化版面。

在文字块中恰如其分地使用线,可以清楚地将它们分割成为若干群体,版面会显得不那么拥挤,给人以一目了然的印象。几段线条便可以起到分区、醒目、装饰的多重作用。

花边也是版面装饰的重要要素,花边可以自动围成封闭或不封闭多种形状,多用作轮廓的装饰以及栏线、标题的装饰。花边与线、底纹共同作用时,还可以形成另一种艺术风格。

选用花边时,重要的是要注意内容和形式的统一,若配置不当的话,则会失去装饰的意义。例如,装饰比较严肃的内容,应选择朴素、简洁的花边图案;装饰较活泼的内容,则可选用新颖美观、图案活泼的花边。同时,花边的选择还应该注意与版面风格及被装饰的字体相适应,如装饰楷体及仿宋体的正文,最好选用图案线较轻、细的花边;装饰黑体的正文,可以选用图案线条较粗的花边等。此外,在图书的装饰中,同一部位的花边全书应该保持统一。

6. 底纹

底纹也称网纹,是版面修饰中的一种大面积图案。用底纹装饰版面,是在版式设计中常用的手法之一。以种类、灰度不同的底纹对各级标题进行修饰,能有效地突出主标题,让各级标题产生出不同层次,从而使标题内容和形式有较强的表现力;以底纹修饰图片和插图,会产生特殊的艺术效果;底纹还可以填补不必要的空白,在设计标题和栏目时,单用增、减字及字距的方法不一定完全达到理想的程度,例如有些标题的空白空间给人一种"缺点什么"的感觉,但将它们配上与要表现的内容相适应的底纹后,不仅版面空间显得丰满,同时视觉强度也大大地增强。

底纹图案的种类繁多,同时又有深与浅的差别。因此,在选择底纹时,除了要考虑底纹的花色与被装饰内容的协调,同时还要考虑底纹的深浅是否合适,比如,在修饰较深的标题时,就不宜采用灰度较大的底纹,因为两者密度相接近,不但起不到强化标题的作用,反而会使视觉混乱;同理,在修饰空心字等密度较小的标题时,为使两者反差增大,让标题醒目、悦目,则应该选择灰度较大的底纹。

7. 页码

页码是书籍版面的重要组成部分。页码的作用,在于控制全书内容的顺序,也为读者翻阅检索提供方便;在印装上,则为分台、套印、折页及检查起引导作用。

我国的习惯,页码通常从正文编起,前言、目录往往单独编码。页码的排式既可以在版心的外下角,亦可以排在版下居中处;排书眉的书页码则随书眉排于版面上端外。

页码一般采用阿拉伯数字,国内流行比正文字小一号,或与正文字号相同;国外也有页码字体大于正文字体的情况。对页码进行装饰的方法主要有对页码本身字体的改换和在页码周围以其他图案进行装饰。对页码的装饰要与版面整体风格相谐调,否则会弄巧成拙。

8. 印刷版面控制要素

(1) 十字规线

十字线是晒版和印刷保持配合精确的依据。十字线的线条必须粗细适中,过粗,会使操作人员无法判别套合的精确程度;过细,则在实际印刷中无法完全套合,造成判断上的困难,一般在 0.2~0.4mm 之间。

(2) 角线

角线位置均在净口线及毛口线上画双角线。各种规格标记的位置都应在产品的净尺寸范围以外,并在印刷纸张的范围中,绝对防止任何标记安置在净尺寸中,否则会造成产品质量事故。

(3) 咬口、拖梢

咬口是指上车版装在印刷机滚筒咬牙一边所需要的范围,在咬口范围内不出现图像,一般咬口范围为 8~12mm。满版"出血"的版面咬口线要距毛口线 10mm,有白边的可借用白边作咬口线从角线画出。咬口处的图像一般比较容易套准确,因此,画面重要部位放在咬口一边,咬口对面为拖梢,一般留有 2mm。

### 5.7.2 页面描述语言

在印前作业中,我们在计算机上完成页面上所有元素的编排,形成计算机定义的一个页面,即拼版后,此时的页面还是一种虚拟的页面,是通过计算机描述语言构成页面。要将它真正转换成实际的页面还需要借助一定的记录设备将其输出到纸张或其他介质上,得到实体的页面。这需要通过页面描述来实现。页面描述就是将图像、图形、文字组合成一个版面,构成版面描述数据。一张单独的照片,将它用图像数据描述就可以了,但如果有几张照片,这些照片又要保持一定的位置关系,就必须有一些数据来说明这种关系,如果再加上图形和文字,它们的关系就更复杂了。页面描述方式有许多种,有经典的语言方式,用这种方式所描述的页面比较容易阅读,但不容易加工;也有现代的节点——指针方式,如 HTML 语言,这种页面描述方式虽不便于人工阅读,但有利于计算机加工。

页面描述语言(Page Description Language,PDL)从 20 世纪 80 年代诞生以来,得到了迅速的发展和广泛的应用。目前,在印刷复制中最常用、最著名、应用最广的页面描述语言当属 PostScript 语言(简称 PS 语言)。

1. 页面描述语言综述

页面描述语言,顾名思义,它的基本含义是指制作的电子页面的描述语言,也可以认为它是任何一种信息记录格式,也就是说任何文件格式都可以认为是一种广义的"页面"描述语言。只是这种"页面"不一定都适合于印刷输出或电子出版。

页面描述语言是一种专门的计算机语言,其主要功能是描述页面上的文字、图形和图像等元素,可以对页面内的各种图文信息元素的属性、特征、行为以及页面元素之间的相互关系进行描述。它提供的是页面内容的一种高层次的描述信息。页面描述语言的这种描述由于是通过抽取文字和图形实体来描述页面的,而不是用设备像素阵列来描述,所以一般而言,它并不直接针对某种具体的设备。由页面描述语言构成的同一个文件,可以在不同的记录设备(如打印机、激光照排机、数字印刷机等)上输出成像。输出的页面在分辨率、颜色模式和质量上可能有差异,但在页面的幅面、结构和内容上是完全相同的。

页面描述语言在其语言系统的构成上有两种基本的语法结构:一是命令型和程序设计型,二是线性结构和非线性结构。

(1) 命令型语言结构和程序设计型语言结构

命令型语言结构是比较老的一种页面描述方式,其特点是对页面的任何一种元素都进行描述。包括从任何一种几何图形到对文字的任何字体、字形和字号以及任何页面的特殊安排,对其中的任何一个操作都需要设计一个专门的命令来完成。这种结构的语言特别适合小型简单的页面描述,命令也不会太多,在早期简单的办公打印系统中被广泛采用。这种类型的语言结构的最大弱点是它的扩展性和灵活性太差,对于任何一个扩展的页面描述功能都需要设计新的命令来描述它。随着页面描述的复杂程度不断提高,它的版本越来越多。命令集也越来越大,所以当它描述的页面的复杂程度超过一定限度时,这种语言结构就不适用了。

而程序设计型的语言结构的特点是使用小而精的基本描述命令,并使用程序设计的方式来使用基本命令的有机组合来完成对大型对象的描述。也就是一个大型的描述对象不使用一个专门的命令来描述,而是使用一个包含基本元素描述命令加上程序设计构成的集合来描述。它的使用特点和命令型的刚好相反,越是复杂大型的描述系统,这种结构的性能就显得越优越。这其中包括描述能力、文件精练程度和灵活性等。这类语言的典型代表就是 PostScript 页面描述语言。

无论是哪一种类型的页面描述语言,只要它足够正规并具有 ASCII 编码的保存格式,就能和算法语言一样,用手工编程方法来完成对一个页面的描述,也可以利用页面生成应用软件按照用户的操作来自动生成描述文件,这时可以将应用程序看成是用图形操作方式来完成页面描述编程的"编程器"。

（2）线性结构和非线性结构

页面描述语言中的一个重要功能特性是描述页面上的对象之间的相互关系的能力,这种能力越强,语言在表述页面信息时就越灵活。目前的页面描述语言可以分成线性结构和非线性结构两类。线性结构的基本特点是描述以页面为单位,页面上的对象按先后顺序叠加罗列,并形成最后的页面"最上层的表现特征"的描述。而页面和页面之间按前后顺序的线性结构排列,这就类似于书本以页面为基础的信息组织结构。这种结构完全可以满足印刷处理输出的要求。它的典型代表是 PostScript。

作为非线性描述结构的代表,超文本页面描述语言 HTML 是目前以 WWW 为代表的网络电子出版的页面描述语言标准。这种页面描述的特点是无论页面如何,描述对象之间通过一种称为超链接的关系描述来形成任何对象和对象之间的转向和调用关系。这样所有的描述内容之间就可以形成一种超越页面线性浏览关系的、内容之间的非线性浏览关系。这种结构给页面描述带来了极大的灵活性,特别适合于通过计算机屏幕浏览内容的新型阅读方式。同时这种结构的灵活链接关系可以形成完整的数据结构模型,形成更复杂的描述方式,诸如数据库支持等。

2. PostScript 页面描述语言简介

PostScript 语言可以描述一系列的像素图像、矢量图形、文字及其这些对象之间的相互关系,而且这种描述是与设备无关的。自从

Adobe公司开发出这种用于打印输出的信息交换文件格式及其这种语言的解释器之后,随着这种语言的不断普及和完善,逐渐发展成为彩色桌面出版系统的标准输出打印文件格式,从而解决了数字打样、激光照排等输出设备和印前制作系统之间的信息传递标准化问题。

(1) PostScript语言的特点

从PostScript语言本身看,它一方面是一种具有很强图形功能的通用程序设计语言,另一方面又是一种具有一般程序设计语言特性的页面描述语言。也就是说,PostScript具有通用程序设计语言和页面描述语言的双重特征。归纳起来,PostScript语言具有以下主要特点:

① 具有通用程序设计语言的一些基本结构,如各种类型的数据、数组、字符串、控制语句、条件语句和过程等,因此用PostScript描述的页面信息紧凑而有效。

② 具有强大的文字、图形和图像处理功能:能构成由直线、圆弧和三次曲线组成的任意形状的图形,图形可以自交或包含不相连的部分和空洞;填充操作允许图形轮廓线是任意形状和任意宽度,剪切路径可以是任意形状,填充颜色可以是Grayscale、RGB、CMYK、CIE-based等多种类型,也可以是重复图案、光滑的渐变、彩色映射和专色;文字完全作为图形进行处理,所以PS语言的任何图形操作符同样适用于文字;PS语言能根据不同的彩色模型以任意分辨率描述取样图像,提供处理和输出取样图像的功能;在通用坐标系中,PS支持由平移、变比、旋转、反射和倾斜等线性变换组成的复合变换,而且这些变换适用于页面描述的所有元素,即文字、图形和图像。

(2) PostScript语言的页面描述方式

PostScript的页面描述模式是:每个页面均为长方形,尺寸任意。缺省的坐标系是页面左下角为坐标原点,坐标度量单位为1/72in。如一张标准的8in×11in的页面为792个单位高和612个单位宽。PostScript的坐标系统可以平移或旋转,原点可置于任意点处。在PostScript页面上的信息是按照先后顺序"叠放"在一起的一系列图形对象。所有这些PostScript图形对象都是不透明的。在页面上,首先描述的对象会被后面叠加上去的对象所遮盖。

① 成像模型。PS 语言不采取惯用的像素操作,而是采用图形描述技术,即 PS 语言认为图形是通过油墨喷涂到页面上模板指定区域而构成的。模板可以是由字母、直线或曲线、填充区域或网目调图元组成,而油墨可以是任何颜色。总之,PostScript 是页面成像模型,而不是内容数据模型。它不适用于数据库应用软件。

② 图形和图像操作。PostScript 语言提供了六组操作符,有图形状态(包括指定线型、线宽……)操作符、坐标变换和矩阵操作符、路径构造操作符、着色操作符、图像操作符、设备设置和输出操作符。

PostScript 对矢量图形对象是通过描绘轮廓以及对内部进行填充来进行表述的。

轮廓线的描绘包括以下基本操作。

a. 移动:把给定的点移动到页面上指定的位置,如 moveto、rmoveto 指令。

b. 连线:在给定点到页面上新的位置点之间画线,如 lineto、rlineto 指令。

c. 画曲线:使用 Bezier(贝塞尔)三次曲线的控制点在给定的两个端点之间画曲线,如 curveto 指令。

d. 画弧:在给定两点之间画圆弧,如 arc 指令。

以上这些操作结合起来可以描绘闭合的或开口的复杂形状的路径。

e. 定义轮廓的宽度及数值:可以给用上述命令构成的路径所形成的物体轮廓线设定宽度,使用 setlinewidth(设置线宽)命令。

例如:1 setlinewidth 选择线宽为一个单位;

0 setlinewidth 选择线宽为打印机可描述的最细宽度。

填充设置的基本操作有以下几点。

a. 设置当前灰度:使用 setgray 命令。

例如:0.0 setgray 代表设置所用的颜色为纯黑;

1.0 setgray 代表设置所用颜色为纯白;

0.5 setgray 代表设置所用颜色为 50% 的灰度。

b. 设置当前色彩:允许将颜色设置到指定的 RGB 或 CMYK 值

上。使用 setrgbcolor 和 setcmykcolor 命令。

c. 填充区域：用当前颜色填充当前路径所构成的区域，如 fill 命令。

d. 填充路径：用当前颜色及线宽画当前路径，如 stroke 命令。

PostScript 对像素图像对象的描述方法是首先描述图像的长方形边界，然后在边界内填充图像数据来完成。如果图像在二值输出设备上输出，如激光印字机或者胶印机，则应确定加网线数、加网角度以及网点形状等参数。这些参数的设置在 PostScript 语言中都有相应的命令。图像还可以在页面上剪裁为所需的任何形状并生成任何蒙版效果。

PostScript 对文字的处理和字处理软件十分相似，为了在页面上排列文字，应先确定字体及其尺寸，可使用 findfont（字体），scalefont（字号）和 seffont（设置有效）等命令来完成。字体随后可以被定义到页面上的任何位置以构成页面上的文本或是文字图形。由于文本或文字图形可以和其他对象一样被处理，因而可以缩放或旋转，以产生更为广泛的图形效果。PostScript 可以非常精确地描述几乎所有复杂的字体与其他页面元素的组合，实现了真正的图文合一。

③ 正文输出。为了得到高质量的文字输出，PS 字库对字体采用轮廓描述，可以进行任意放大或旋转；文字输出的间距和走向可以任意控制；PS 还为提高字符输出速度而设立了字体高速缓存。

当然，与页面描述相关的一些技术对页面的成像也是不可缺少的，这些技术包括：字形描述和存储、加网技术、图文数据压缩技术、色彩转换和管理技术等。

（3）PostScript 语言的应用

从理论上讲，应用程序可以用整个页面的像素阵列来描述任何页面，但是像素阵列庞大，而且与设备有关，因此实际上并不采用这种方法。而利用页面描述语言就可以得到一个格式紧凑的页面描述文件，便于存储和传输，且与设备无关。

在印前处理过程中，页面或版面制作完成后，通常使用计算机软件的"打印"功能生成页面描述语言。由于具体的输出设备并不"理解"页面描述语言,不能直接进行页面输出成像,因此,在输出之前,需要一个专门的系统对页面描述语言进行"解释",即 RIP,并且根据页面成像操作指令,转换成真正可以记录输出的页面成像数据(文字、图形、图像的栅格化和加网),记录输出设备接收到这些记录成像数据后,即可将页面图文打印、曝光、记录到各种材料上,成为印刷品、胶片或印版。因此利用页面描述语言生成高质量输出一般分以下两步完成:

① 由组版应用程序或计算机辅助设计应用程序生成一个与设备无关的、用页面描述语言书写的页面描述;

② RIP 控制一个指定光栅输出设备(配有页面描述语言解释器)去解释页面描述,并在该设备上输出页面。

这两步工作可以在不同地点、不同时间完成,这样页面描述语言就可以作为传输、存储、打印或显示文本的交换标准。

页面描述语言解释器是页面输出的关键。PostScript 解释器的主要功能就是解释由应用程序生成的页面描述,进行加网和光栅化处理,并控制光栅输出设备的动作。

PS 解释器和应用程序之间的交互有三种模式。

① 传统的 PS 打印机模式

应用程序建立一个页面描述,可以把它立即传送给 PS 解释器或者把它们存储起来以待后用。解释器把一系列页面描述作为"打印作业"进行处理,并生成所需要的结果。典型的输出设备是打印机,但也可以是工作站或 PC 机的显示器上的预视窗口。PS 解释器经常可以在直接控制光栅输出设备的处理机上实现。

② 显示器模式

应用程序与控制显示器或窗口系统的 PS 解释器进行交互式对话。为了影响用户的动作,应用程序发出命令给 PS 解释器,有时应用程序也从解释器读回信息。这种交互模式由 PS 系统支持。

③ 交互式编程语言模式

程序员直接交互式地使用解释器,发出一系列立即执行的 PS 语言命令。许多 PS 解释器可支持这一功能。

### 5.7.3 排版与拼大版技术

页面排版就是将文本文件、矢量图形、像素图像有机地组合在一起,按照设计者的要求形成印刷品的图文信息排列。

1. 页面排版软件

页面排版软件是按照设计要求,将图像、图形、文字等印刷要素进行整合,形成一个完整页面的软件。目前市面上有许多的页面排版软件可用,但比较为用户接受的有:Adobe 公司的 PageMaker、InDesign、Quark 公司的 QuarkXPress、北大方正公司的 FIT 等。

(1) PageMaker 排版软件

PageMaker 由 Adobe 公司开发,它提供了一套完整的工具,用来产生专业、高品质的出版刊物。它的稳定性、高品质及多变化的功能特别受到使用者的赞赏。

PageMaker 的主要特点如下。

① 专业页面设计。使用 Adobe PageMaker 软件所提供的设计和排版功能,几乎可以创建任何类型的出版物,无论是通信、书册还是杂志、广告计划书。利用多重主页和全文档范围的图层、文本和图形框以及精确的图像定位等最新特点,可以非常容易地结构化文档。

② 网上出版工具。PageMaker 具有完全集成化的网上出版功能,使用户能用 HTML 格式或图形更丰富的 PDF 格式发行文档,在网上不必离开 PageMaker 就能创建和测试超链接。

③ 高真度色彩和高效率。PageMaker 的彩色出版功能,包括一个可扩展的颜色管理体系结构和先进的高真度彩色打印。此外,PageMaker 在处理陷印、组版和分色上也是非常优秀的。

(2) QuarkXPress 排版软件

QuarkXPress 也是最受人喜欢的桌面排版软件之一,除了基本的页面布局框架和出色的文本格式化工具以外,它还包含大量方便易用的高级特征。适合宣传手册、杂志、书本、广告、商品目录、报纸、包装、技术手册、年度报告、贺卡、刊物、传单、建议书等的排版。它具有专业排版、设计、彩色和图形处理功能、专业作图、文字处理及复杂的印前作业等功能。

QuarkXpress 4.1 中文版具有多项超级排版功能。

① 在绘图方面提供以下工具：贝兹工具可以绘制对象框、线段、以及文字路径，可任意增加或删除节点，并且随时改变节点的种类；合并指令包括交集、联集、差集、反转差集、去除重叠、结合，分离指令则分为外部路径和全部路径；外框字将文字转成外框字之后，会变成可编辑的图像框，此时便可以在文字中嵌入图像；自制虚线与条纹功能可产生自己的虚线或条纹样式，应用至版面中的任何线段或花边上，在样式中可控制端点的形状及尖角的样式，并选择是否要延伸至转角处。

② 在排版功能方面提供以下工具：文字路径除可用来排列文字、修改路径之外，还可以设定文字的方向与对齐的方式，以及是否作翻转来制作醒目的视觉效果；字符样式可设定字体样式、大小、颜色、浓度、平长比例、字距及基线，然后针对一个或多个字符应用字符样式；文字绕排可以使单栏的文字围绕对象的所有边；特殊字距的加强；自行设定一位与二位字体的字符组特殊字距；可以设定注音文字的相对大小、对齐方式、以及各种字符属性；非拆开字符功能可以使所指定的字符是否可位于行首与行末；制作长篇文件（书册，列表，索引）。

（3）InDesign 排版软件

Adobe 公司的另一著名排版软件——InDesign 采用"小核心＋功能插件"的软件结构，软件核心很小，绝大多数应用层的功能都是通过插件实现的，核心只是功能插件的运行平台。这种结构非常开放，应用功能的扩展空间非常巨大。所以 InDesign 不仅是一个非常优秀的软件产品，实际上也是一个开发平台，人人都可以是功能插件的开发商，包括用户自己都可以为满足个性化的需求而开发自己使用的功能插件。因此，InDesign 是一个个性化的排版软件。

InDesign 的主要功能有：丰富的人性化操作工具；文本框架随意设置；段落格式设定；方便的吸管工具；面向对象的操作；渐变色的填充和线框修饰；图像路径剪辑功能；智能图像链接功能；随时文字路径化；专业化的表格功能；Undo\Redo 的级数没有限制；快速导航，精确检视页面;页面元素的分层管理;主页功能;出版物的多重视窗;方便的物件库管理;图像、图形和文字文件的置入功能;书籍编辑功能;高级印刷管理。

（4）北大方正飞腾（FIT）排版软件

由北大方正自主开发生产的 FIT 排版软件的功能特色有:中文处理功能较强,能满足中文的各种禁排要求,图形绘制功能强、底纹多、变换功能强。

新版的飞腾 4.1（FIT4.1）继承了方正维思（WITS）的所有优点,在中文文字处理上具备其他软件无法比拟的优势,同时具备处理图形、图像的强大能力。它整合了全新的表格、GBK 字库、排版格式、对话框模板、漏白处理（即 Trapping 处理）、插件机制等功能,保证彩色版面设计的高品质和高效率。飞腾 4.1 表格可以分页和分栏、设定表头、创建反表和阶梯表,以及灌文顺序多样化等。

2. 页面排版方法

利用排版软件进行页面排版,就是利用排版软件的各种工具或命令输入相关的页面排版预置参数。建立预置参数有两种方法:一是在文档打开时改变默认设置,这个改动只对该文档有效。文档存储时,设置也将一起存储。再次打开文档时,不需要重新进行设置,这些参数即为文档预置参数,一般包括在文件内;二是在每个应用程序中可以在没有打开文档文件时访问参数设置对话框,并设定参数,这种设定是永久的,可应用在此后创建的每一个文档上,这些参数为应用程序参数。

预置参数的设置可通过排版软件的相关对话框输入,如 Page-Maker 的文档参数设置对话框如图 5-27 所示。

3. 拼大版

在排版软件中一般是排单个页面,要印刷输出的话,还要把单个页面拼成印版那么大的幅面。这种工作一般是由人工在排版软件中进行或由拼大版软件自动完成。在现在的数字印前处理工艺中,通常采用拼大版软件进行拼大版。

拼大版软件能够调用排版软件生成的单个页面,然后进行适当的

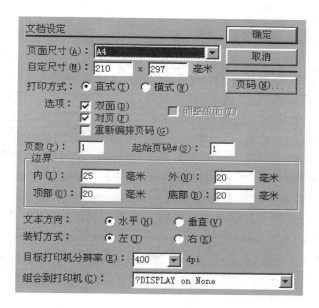

图 5-27 PageMaker 文档参数设定对话框

位置安排。只要知道印版幅面大小、装订方式等数据，就能自动地生成拼大版文件。即采用专用的拼大版软件可对多个页面进行正确页面配置，以及解决在拼版中产生的各种问题，如：总页数、每一印张的页数、出血的大小、页码、裁切的尺寸、裁切标记、十字线、色彩控制条、装订方式、爬移调整等参数都能进行适当的处理。

　　拼大版文件有两种 RIP 方式。一类 RIP 方式是先拼大版后 RIP，这是最常用的方式，其优点是：先完成各个页面的排版及补漏白，接着进行各页面拼大版作业，并制作包含 OPI（开放式印前接口）指令的输出文件，最后将此文档送到 RIP 中进行处理。这种方法可以避免先 RIP 后文件容量变大而给拼大版带来困难。另一类 RIP 方式是先 RIP 页面，再拼大版，这种方式适合于包装、标签这类印刷范围，它将最后文件的修改方式加以简化，若发现某页面中含有一个排印错误，只需在修正错误后，再将这份页面重新 RIP 一次，替换掉原来错误的页面即可，这比将整个大版重作 RIP 要省事得多。

目前，主要的拼版软件有如下几种。

（1）Impostrip Second Generation5.1

由 Ultimate Technographics Inc 发布的 Impostrip Second Generation5.1 拼大版软件适用于 Macintosh、Windows、Unix 操作平台。这是一个典型的"先拼版后 RIP"软件，可与许多的分色、排版及补漏白的专业软件兼容。这套软件提供了一套如何落版的样本显示，让用户可依纸张的种类与尺寸、单色或多色印刷、平版或轮转机作选择，每个样本中均隐含有裁切标记及十字线，也含有一组不同的导色表。使用时，可先执行一个"Origami"软件，用它来模拟印刷后纸张折叠的实样，告诉用户每一台纸上各个页面位置的配置方式。此外，Impostrip还会在大版页面上以空白页取代错误的页面，如果在 RIP 进行时，某个页面产生错误，该软件就会自动产生一个空白页，替换到原来错误页面的位置上。这样，RIP 不但可照常完成输出作业，也不会因为处理错页而导致死机。RIP 完成后，用户可进行页面纠错，重作一次RIP 输出，再手工拼入原大版之中。

（2）Imposition 2.0

由 DK&A Inc 公司发布的 Imposition 2.0 拼大版软件适用于 Mac操作平台。这套软件可以接受 QuarkXPress、PageMaker 以及 Photoshop 的原始档案格式，它也可以处理 TIFF、PICT、EPS 及 PS 等格式的档案，而且在拼大版之前用户不必先制作出 PS 格式的文件。

（3）Preps 3.0

由 Scenic Soft Inc 开发的 Preps 3.0 拼大版软件适用于 Mac 和Windows 平台。这套软件可以使用 RIP 过的页面直接进行拼大版的软件，很适合于包装文件的拼大版操作。Preps 还允许用户可以混用不同的文件类型、页面尺寸及方向，并针对各种页面分别进行裁切记号与十字线的设定，也可让用户在同一张台纸上放入多种不同的印件，如一般的纸盒包装或标签印制等。Preps 有三种版本：专为按需输出作业而设计的简易版 Preps XL，用于高级印前的工作流程之中的高级版 Preps Plus，适用于多种工作流程及输出设备的工作环境之中的全功能拼大版软件 Preps Pro。Preps Pro 软件有内建的分色功能，可选择以打样用的 4 色合成方式或是以出网片或制版用的 4 色分色方式进行输出,用户可控制每个单色的网角及补漏白的设定,同时也具备一个完整的 PS 预览器,以确定每个页面在经过 RIP 处理时,都能正确无误。

（4） Pres Wise3.0

由 Luminous Technology Corp 发布的 Pres Wise3.0 拼大版软件适用于 Mac 作业平台。这一软件适用于一般打印机的商业输出,以及单色或四色输出的出版物与书籍,该软件号称可以接受任何平台上各类主要排版软件,所产生的 PS 文件进行拼大版作业。Press Wise 也内含了一组样本库,也可针对不同用途自行制作所需要的特定样式,它允许用户由多份文件中读取页面来进行拼版作业,也能控制网角及墨水等设定,它也可让用户插入空白页面,稍后再予以移除,它可以对任何 PS 设备进行输出,如激光打印机、电子分色机、数字印前设备、无版印刷机和直接制版机等。

# 6 第六章 ■■■■■■

# 数字打样技术

打样是印刷生产过程一个关键环节,是进行质量控制和管理的重要手段,目的是确认印刷生产过程中的设置、处理和操作是否正确,为客户提供最终印刷品的样品,即样张。根据不同的使用目的,样张主要分为用于客户签字同意正式印刷的合同样张和用于版式或内部校正、检查目的的版式样张。合同样张是客户验收最终印刷品的质量依据,要求视觉效果和质量必须与最终的印刷品完全一样,否则客户可以拒绝验收付款。版式样张主要用于拼版和版面的校正,以便对设置、处理和操作进行必要的修改,因此,并不要求在视觉效果和质量上与最终印刷品完全一样。打样不仅可以检查在设计、制作、出片、晒版等过程中可能出现的错误,而且能为以后的印刷提供依据和标准。

## 6.1 打样原理及类型

打样常分为机械打样和数字打样两种。机械打样因为使用与正式印刷机相似的打样设备、印版、纸张和油墨,是最传统的也是最可靠的一种打样方法,但打样机一般都是单色或双色机(一次运行只能得到一种或两种颜色),自动化程度不高,需要很高的操作技能和经验,而且必须事先制作印版,因此打样效率低,需要恒温恒湿环境控制,成本较高。数字打样不需要印版,将数字印前系统(计算机)中生成的数字彩色图像页面或数字胶片直接转换成彩色样张,即 CTProof(Computer-to-Proof,从计算机直接出样张)。数字打样是 20 世纪 90 年代初期兴起的打样方法,但其快速、高效和直接数字转换的特点与印刷技术数字化和网络化的发展完全吻合,将成为最主要的打样方法。

### 6.1.1　机械打样原理与流程

1. 机械打样基本原理

机械打样是指在印前工艺中,先将印前作业中制作好的页面图文信息在照排机上输出胶片,再通过晒版机晒制 PS 打样版,最后在打样车间通过打样机按照印刷的色序、纸张与油墨,印制各种分色或彩色样张的过程。机械打样中打样机的工作原理与印刷机的原理相同,其利用水墨不相溶的原理,通过网点大小来再现彩色图文层次。常见打样机大都采用圆压平的压印方式和湿压干的油墨叠印方式,有单色打样机和双色打样机两类。

机械打样系统的配置较复杂,通常要配有温湿度控制的房间、拼版台、晒版机、单色或双色打样印刷机、印刷用反射密度计等设备,还需要晒版人员以及具有一定印刷知识和打样经验的师傅,一般而言打样幅面多为对开。

2. 机械打样工艺流程

机械打样的工艺流程一般为:验收胶片—拼版—晒版—上版—上墨—开始打样,打完一色后换版、洗墨、上墨,再开始打第二色。如果是单色机则换版、换墨次数为需要打样的总色数,中间还要进行水墨平衡、压力、套准等控制。

3. 机械打样的特点

机械打样过程同正式印刷过程类似,利用印刷水墨不相溶的特性,需要拼版、晒版的过程,使用印刷中的 PS 版,并使用印刷用纸张打样。机械打样机采用圆压平的印刷方式,因此与印刷机相比具有以下特点:速度慢、压力小、传墨及串墨辊少;储墨系数低,墨色变化快;油墨从橡皮布滚筒转移到纸张的时间长;给墨量的大小靠手工操作;压力调节简单,给水量的控制比较灵活;对颜色的控制相对容易等。所以相对印刷品而言,打样样张的墨层厚实、色彩饱和度高,还能根据客户要求来提高或降低打样稿的色彩等,但也会造成忽视后续实际印刷工艺,给印刷带来困难等问题。

### 6.1.2 数字打样原理与流程

**1. 数字打样基本原理**

数字打样是以数字出版印刷系统为基础,在出版印刷生产过程中按照出版印刷生产标准与规范处理好页面图文信息,不经过任何模拟处理方式,以数字方式直接输出彩色样稿的新型打样技术,即使用数据化原稿直接输出印刷样张。它通过数码方式采用大幅面打印机直接输出打样来替代传统的制胶片、晒版、打样等冗长的工序。

数字打样的工作原理与机械打样和印刷的工作原理不同,数字打样是以数字印刷系统(CIP3/CIP4)为基础,利用同一页面图文信息(RIP数据)由计算机及其相关设备与软件再现彩色图文信息,并控制印刷生产过程的质量。

**2. 数字打样工艺流程**

数字打样的一般工作流程是:制作页面电子文件—RIP—数字打样,如图 6-1 所示。

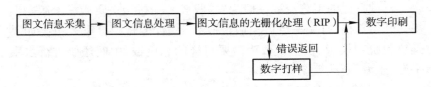

**图6-1 数字打样工作流程**

**3. 数字打样的特点**

数字打样是采用全数字化的打样系统制作样张的过程,它具有以下特点:设备投资少,占地面小,环境要求低;节省人力资源,成本费用较低,对操作人员经验依赖小;速度快,质量稳定,重复性强,成本低;适应性广,特别适合于直接制版、凹印和柔印等不能打样或不易打样的工艺;既能模拟各种印刷方式的效果,又能与 CTP 及数字印刷机的数字设备结合,真正实现自动化的工作流程等特点。

### 6.1.3　机械打样与数字打样的比较

数字打样采用了与机械打样完全不同的原理和技术,因此两者在样张质量、生产速度、生产成本等方面存在较大差异。实际上,机械打样有许多优势,如打样色彩模拟能力很接近印刷实品,尤其在网点模拟能力上,机械打样有绝对优势,但在稳定性、生产速度和使用成本上,数字打样远远领先于机械打样。例如:数字打样表达的色域远比机械打样丰富;不需经验,也没有人为因素干扰,自动化成像,可以很稳定;尤其是采用同一套 RIP 完成的数据做打样及数字印刷,就会更稳定。此外与机械打样相比,数字打样减少了机械打样的多个手工操作的步骤,不仅速度快、时效性高,而且可重复性好,避免了机械打样的诸多限制,如对环境温、湿度要求高,过分依赖操作人员经验,多次打样难以保持一致等。同时机械打样只能用在传统的模拟印刷流程中,无法满足 CTP 流程及数字印刷的要求,而数字打样在传统的模拟流程和 CTP 流程及数字印刷中都可以使用。在生产流程中采用彩色管理技术,可以极大地提高彩色作业的色彩质量和稳定性。而且,在投资成本方面,数字打样也比机械打样低许多。

但是与机械打样相比,目前数字打样还存在适用性方面的一些问题。虽然数字打样系统支持专色,但实际上是将专色用 CMYK 四色表示或固定专色,与印刷使用的专色不完全相同。数字打样使用调频网点或者无网点的染料升华技术,这与以前印刷操作人员的传统网点的打样稿完全不同。数字打样中使用的打印机墨水与印刷使用的油墨适性相差很大,打印机墨水的色彩范围大于印刷机使用油墨的色彩范围,它们的匹配程度需进一步提高。

## 6.2　数字打样方法

数字打样按照接受数据类型方式的不同,还可分为 RIP 前打样和 RIP 后打样。

### 6.2.1　RIP 前打样

所谓 RIP 前打样是指数字打样管理软件先接受 RIP 前的 PS、PDF、TIFF 等数据,再依靠数字打样系统的 RIP 来解释这些文件,其工作流程如图 6-2 所示。

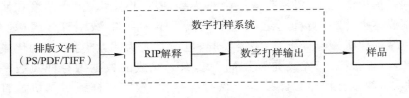

**图 6-2　RIP 前打样工作流程**

### 6.2.2　RIP 后打样

RIP 后打样是指数字打样管理软件直接接受其他系统 RIP 后的数据,将这些文件直接处理打样,其工作流程如图 6-3 所示,需将排版生成的 PS 文件通过 RIP 解释后才能打样。

**图 6-3　RIP 后打样工作流程**

RIP 后数字打样技术是目前数字打样发展的主流,采用 RIP 后的数据进行数字打样的优点在于保证了打样数据同输出制版数据的一致性。RIP 后打样还可以反映排版、转换 PS 文件及 RIP 解释等工艺过程所出现的错误,也可以用来控制扫描分色参数的确定、印刷质量的控制,完全满足现有工艺的需求。同时 RIP 后的数据经过了光栅化处理,可以打印出同印刷调幅网更接近的真网点效果,在色彩、细微层次等方面表现得更加逼真,提高印刷质量和效率。

### 6.2.3　RIP 前打样与 RIP 后打样的比较

在实际生产中要求数字打样系统同时具有 RIP 前打样和 RIP 后打样功能,并对 RIP 类型没有限制,能真正接受不同 RIP 后的数据,还能发现印前的问题。RIP 前打样与 RIP 后打样的主要区别在于:首先,RIP 前打样由于生成 PS 文件的环境、选用的 PPD、PS 生成的打印设置等的不同,使得打样时的 PS 文件很难保证同输出印刷时的 PS 文件一致,同时,数字印刷时 RIP 解释 PS 文件过程同数字打样解释 PS 文件过程不一致,很容易造成数字打样的结果同印刷的结果不一致;其次,RIP 前的打样数据还没有光栅化,没有办法打出印刷调幅网效果,给印刷追样造成困难;最后,RIP 后数据的色彩描述同 RIP 前数据的色彩描述之间存在差别,RIP 后色彩描述形式和内容更适合于数字打样色彩的需要,在色彩、阶调层次、精度等最终表现上更加符合印刷打样的需求。而 RIP 前数字打样比较适合于版式打样和样稿打样,但要作为合同打样,还存在一些问题。

# 6.3　数字打样系统

各种连续调图像,经扫描器数字化后,就变成了彩色数字图像,这些图像可送到计算机中保存起来,或被取出在计算机上做某种形式的处理,或与其他数字图像或文字稿进行组版,形成数字版文件。在对这些数字图像进行处理或拼版组版过程中,经常要对计算机处理的结果或组好版的文件进行检查,或供用户审查。这一工作通常由数字打样系统来完成。

### 6.3.1　数字打样系统的输出模式

数字式彩色打样系统的输出模式分为软打样和硬打样,软打样用图像监视器,硬打样使用各种打印机。

1. 硬拷贝输出模式

硬拷贝输出模式直接输出彩色硬拷贝,也称为硬打样。一般采用数字式彩色硬拷贝技术制作样张。目前应用较多的有染料热升华型、静电照相型、喷墨打印型、银盐彩色照相和热蜡转移型等。特别是染料热升华型，虽其打样系统的分辨率不高，但样张质量很好，可以达到连续调效果。另外，彩色数字打样系统中采用的彩色硬拷贝均属无压成像系统，加之显色剂和承印材料也不能与实际印刷时完全相同，这些因素都是造成样张与实际印品存在差异的原因，不过这些问题都可通过印前图像处理技术加以补偿。

2. 软拷贝输出模式

软拷贝输出模式又称为软打样，即直接输出软拷贝将彩色版面在荧光屏上显示出来。这种输出模式具有高速、低成本的优点，但是荧光屏显示是采用色光加色法原理呈色的，而实际印品则是靠色料（油墨）减色法原理呈色的，加之这两种最终的图像载体也相差较大，软打样的样张很难做到与实际印品相一致，所以，这种输出模式主要作为内校使用。

### 6.3.2　数字打样系统的构成

数字打样系统由数字打样输出设备和数字打样软件两个部分组成，采用数字色彩管理与色彩控制技术达到高保真地将印刷色域同数字打样的色域一致。其中数字打样输出设备是指任何能够以数字方式输出的彩色打印机，数字打样控制软件是数字打样系统的核心与关键，主要包括 RIP、色彩管理软件、拼大版软件等，完成页面的数字加网、页面的拼合、油墨色域与打印墨水色域的匹配，不同数字打样系统对纸张、油墨的要求也不同，因此就形成了不同的数字打样解决方案，包括打印服务器、色彩管理系统、打印机、油墨、纸张等。

# 6.4　远程打样

远程打样系统是以网络技术、数字色彩管理技术为基础，实现了跨时间和空间的打样生产结构形式，是印刷生产向信息化迈进的重要步骤。它不仅实现了异地打样，而且实现了远程校对、异地印刷，带动了整个印刷生产模式的网络化发展。

### 6.4.1 远程打样的数据传输途径

远程打样的基本工艺流程是：发送方在生成打样页面的 PDF 文件后，将打样控制数据及生产规格等数据一起随 PDF 文件传送到远程打样现场，输出端以一定的方式接收到文件后，即可输出，并同时检测相关数据，看是否与发送端的数据一致，并作实时的调整控制。

远程打样实际是一种特殊目的的文件传输。要将生产部门的创意在远程打样的终端上再现，就必须很好地解决文件的传输问题。从远程打样的发展来看，最初是通过快递把文件从印刷厂回送给客户，并在客户的彩色打印机上输出。常见的数据传输方式有以下两种。

1. 打样终端与服务器直接建立链路连接

这种数据传输方式是通过网络将打样终端与服务器直接连接，实现对打样数据及信息的实时控制。

如图 6-4 所示，打样终端与印刷厂通过 ISDN 或高速的 T-1 线路直接把文件输出到打样终端的彩色打样机上，实现对打样数据及信息的实时控制。印刷厂接收打样数据后嵌入色彩特性参数，将数据压缩后传输到异地进行打样。这种传输方式要求打样终端有固定的 IP 地址，打样数据将根据 IP 地址寻找对方主机，同时根据对应的端口号将数据提交给数字打样远程数据接收端。有些数字打样系统可以实现一个打样中心支持多个远程打样工作平台。

**图6-4 打样终端与服务器直接交换数据**

2. 打样服务端及打样终端都与网络服务器进行双向数据交换

如图 6-5 所示,对技术颇为敏感的印刷和印前厂商已经建立了 Internet FTP(File Transfer Protocol,文件传输协议)站点,这些站点经常是建立在印刷厂的 Internet 服务器上,印刷厂及打样终端都与网络服务器交换数据。客户把自己的文件上传到印刷厂的 FTP 服务器上,印刷厂完成了印前制作后,再把工作数据传输回服务器,打样终端可以从服务器上下载制作完成的文件,并在自己的彩色打样机上输出,完成远程打样。这种方式的特点是打样系统并不直接连接,而是通过服务器中转,对接入网的方式要求不高,也不需要固定的 IP 地址。通过网络服务器的路径,将工作数据直接传输到网络服务器,同时数据接受端通过该路径自动下载,接收数据,自动完成打样。

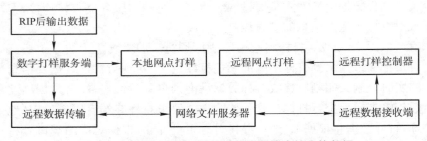

**图 6-5  打样服务端、打样终端与服务器直接交换数据**

### 6.4.2  远程打样的文件传输方式

远程打样除了要解决数字传送途径问题外,还涉及到文件怎样进行远程传输的问题。远程打样传输文件的方式主要有三种。

第一种方式是热文件夹(hot folder)方法,就是远程打样的文件通过热文件夹的方式传送到异地。采用这种传输方式,首先要在机器上建立一个热文件夹,由 RIP 软件监控这个文件夹,将文件调入 RIP 软件,RIP 识别并对文件进行处理(特别是传送到热文件夹上的文件是 PostScript 文件时)。在采用热文件夹传送文件时,必须在生成文件的连接终端按 PPD(PostScript 打印描述)与目标输出设备相匹配,并打印出一份文件。因为如果不设定 PPD 来与目标打样机相匹配,那么打印活件时设备出错的可能性会很大,以致不得不重新生成并发送这个文件。

第二种方式是用 Macintosh 机的"桌面打印机",基本上是把文件拖放至桌面打印机上,桌面打印机随后把文件发送给打样设备。使用这种方式可以将文件传送给绝大多数输出设备。

第三种方式是 LPR(Line Print Remote,远程方式打印机)。它是标准的 Unix 方式,即 Unix 及其 RIP 都支持这种文件传送方式。

## 6.5　数字打样的质量控制

数字打样的质量取决于两方面的因素,一是打样系统及材料的性能,二是打样过程中对图像再现性的控制。

### 6.5.1　数字打样系统及材料的性能对打样质量的影响

打印机打印头的性能好坏直接影响数字打样的输出效果。打印头能够达到的打印精度决定数字打样的输出精度。打印机的横向精度是由打印头的结构状况决定的,纵向精度受步进电机影响,如果走纸不好,会对打印精度造成影响,必要时需要校正打印头。此外,生产过程中如果打印头堵塞,样张上就会出现断线现象,因此应经常清洗打印头。

打印墨水对打样色彩的还原起到决定性作用,如喷墨打印机的墨水有颜料型和染料型两种。颜料型墨水不易褪色,其墨水原色同印刷油墨更加接近,但光源环境对样张色彩影响更加明显。染料型墨水成本较低,且对打样的纸张适用范围更广。

数字打样所用纸张一般为仿铜版打印纸。一方面,它同印刷用铜版纸具有相似的色彩表现力,更易达到同印刷色彩一致的效果;另一方面,仿铜版表面有适合打印墨水的涂层,涂层的好坏将决定样张在色彩和精度等方面的表现;同时打样纸张的吸墨性和挺度也会影响打样质量。

### 6.5.2 数字打样对图像再现性的控制

1. 输出分辨率的控制

数字打样的分辨率有着双重的控制标准,既要达到一定的输出精度要求,真实地还原图像,又要求满足印刷输出的精度要求。在打印设备和耗材满足基本精度要求的情况下,要实现数字打样与印刷的精度匹配,必须通过数字打样软件采用相关的加网技术来完成。数字打样分辨率的控制比较简单,只要选择合适的打样控制软件、打样设备和介质就能满足打样的要求。

2. 阶调再现性的控制

控制数字打样阶调传递的第一步是要确定数字打样输出的密度范围,即墨水和纸张相互配合所能够表现的密度范围。可通过数字打样软件控制打印机的最大给墨量,确定 CMYK 四个通道的最大密度及双色、三色和四色叠加的最大密度。打样最大密度确定了,整个打样输出的阶调密度再现范围也就确定了。再在此基础上控制调整打样输出图像对原稿各阶调的再现效果,包括灰阶级数的确定、对图像高中低调的压缩拉升等处理,以及灰平衡控制等。

3. 颜色再现的控制

色彩的传递建立在阶调传递的基础上,但由于数字打样的工艺原理和使用的墨水、纸张同印刷是不同的,因此还需要对数字打样的色彩传递作进一步控制。数字打样的目的是为印刷提供标准,必须对用户实际生产工艺特点进行数据化分析,然后以这些数据为基础,使数字打样系统达到打样同印刷相匹配的要求。数字打样系统在完成自身的基本校正后,打印色域与印刷色域还不能达到一致,需要通过色彩转换引擎(PCS)的转换将打印的色域映射到印刷的色域内,实现数字打样色彩同印刷色彩的匹配。首先,要采集印刷工艺数据生成印刷特性文件,同时,分析打样系统自身的特点,生成打样系统的特性文件,然后通过 PCS 完成色彩匹配。

数字打样软件的转换引擎在进行 PCS 色度空间转换时,必须依照国际 ICC 标准委员会规定的 D50 标准光源下的白点。但众所周知,数字打样各种墨水的光谱特性不同,而印刷的油墨也有不同的光谱特性,同时测量仪器的标准光源和光谱采集的分析计算等存在一系列差别,因此要求在采集印刷和数字打样的特性数据时要满足一定的条件和做出不同的设置。

# 第七章

# 数字印刷中的色彩管理

在实际印刷和图像处理过程中，在屏幕上看起来漂亮的色彩，在印刷后却晦暗浑浊、黯然失色，与屏幕所见到的截然不同，一幅图像用彩色打印机打印时颜色令人满意，而印刷时则颜色灰暗，或者同样的数据在不同的设备上得不到同样的颜色。之所以会出现这些问题，其原因是因为印刷所用的各种设备和材料对色彩的表现方式不一样，所再现的颜色千差万别，从而造成了彩色复制的不一致性。解决色彩的这种不一致性的问题的方法是色彩管理。所谓色彩管理，是指运用软、硬件结合的方法，在生产系统中自动统一地管理和调整颜色，以保证在整个过程中颜色的一致性。

色彩管理的主要目标是：实现不同输入设备间的色彩匹配，包括各种扫描仪、数字照相机、Photo CD 等；实现不同输出设备间的色彩匹配，包括彩色打印机、数字打样机、数字印刷机、常规印刷机等；实现不同显示器显示颜色的一致性，并使显示器能够准确预示输出的成品颜色；最终实现从扫描到输出的高质量色彩匹配。

## 7.1　色彩管理基础

彩色管理的目的是使图像色彩在不同的颜色设备之间尽量保持一致。但对于彩色图像复制设备，由于其表现颜色的结构及机理的不同，以及再现色彩所用介质的不同，因而所采用的颜色再现方法（色空间）也不一样，随着色空间的不一样，所能呈现的颜色范围也不同，即表现出不同的色域。正因为如此，所以进行色彩管理。首先要明确各色彩复制设备对颜色再现所采用的色空间及其色域范围,其次是采用恰当的色彩转换方法将一种设备的色空间转换到另一种设备的色空间,并使两种设备所表现的颜色效果一致。

### 7.1.1  色彩空间

在计算机图像处理中,对图像颜色必须用数据来表示,色彩空间就是用数据表示颜色的方法。对一个颜色的表示,可有多种数学表示模式,即多种色彩空间:有的色彩空间对颜色的表示与所用显色设备的性能无关,称为与设备无关的色空间;有的色空间对颜色的表示数据会随着显色设备的不同而变化,称为与设备相关的色空间。

1. RGB 颜色空间

根据色彩学原理,对自然界中的各种色光都可以由不同比例的红(R)、绿(G)、蓝(B)三种色光混合得到,红、绿、蓝称为色光三原色。对任何一种颜色,都可以用其反射或透射的 R、G、B 三色光成分的多少表示,这就是 RGB 色空间。RGB 颜色空间多用于显示器系统,如电视机、计算机显示屏、幻灯片等,都是利用色光来呈色的。在图像处理系统中,彩色阴极射线管、彩色光栅图形的显示器都使用 R、G、B 数值来驱动 R、G、B 电子枪发射电子,并分别激发荧光屏上的 R、G、B 三种颜色的荧光粉发出不同亮度的光线,并通过相加混合产生各种颜色。真彩色图像一般都是采用 RGB 模式来表现颜色。扫描仪在扫描时首先获取的也是原稿图像上的 RGB 色光信息,它通过吸收原稿经反射或透射而发送来的光线中的 R、G、B 成分,并用它来表示原稿的颜色。

RGB 色彩空间是与设备相关的色彩空间。不同的显色设备即使采用同一 RGB 数据,也可能会表示出不同的颜色效果,如不同的扫描仪扫描同一幅图像,会得到不同色彩的图像数据;不同型号的显示器显示同一幅图像,也会有不同的结果。所以同一 RGB 数据在不同设备上会表现出不同的颜色效果,不同设备对同一颜色的表现所采用的 RGB 数据也会不一样。

2. CMYK 颜色空间

就印刷或打印图像而言,其中的各种色彩,理论上都可由黄(Y)、品红(M)和青(C)按不同的比例混合得到,黄、品红和青称为色料三原色。实际中,印刷用油墨很难全部吸收其补色光,因而等量的三原色混合得不到真正的黑色,而形成深棕色。为解决这个问题,在三原色的基础上常常加上黑色(K),这就形成了印刷或打印中的四色系统模式,即 CMYK 色空间。由此可见,CMYK 色空间是依据印在承印物上的油墨对光的吸收性而产生颜色的。

CMYK 颜色空间是和设备或者是印刷过程相关的,如工艺方法、油墨的特性、纸张的特性等,不同的条件有不同的印刷结果。所以 CMYK 颜色空间是与设备相关的表色空间。CMYK 具有多值性,也就是说对同一种具有相同绝对色度的颜色,在相同的印刷过程前提下,可以用多种 CMYK 数字组合来表示和印刷出来。这种特性给颜色管理带来了很多麻烦,同样也给控制带来了很多的灵活性。

3. Lab 颜色空间

Lab 色空间是由国际照明委员会制定的一种色彩模式。该模式是用三个值来描述颜色,自然界中任何一种颜色都可以在 Lab 空间中表达出来。与 RGB、CMYK 色彩模式不同,它用光强和色度来构造模型。Lab 颜色空间取坐标 L、a、b,其中 L 表示颜色的亮度;a 代表从绿色到红色对应的色彩信息,正数代表红色,负数代表绿色;b 代表从蓝色到黄色的对应的色彩信息,正数代表黄色,负数代表蓝色。

Lab 色彩模式对自然界中的色彩几乎能够全部准确描述。这种模式是以数字化方式来描述人的视觉感应,与设备无关,所以它弥补了 RGB 和 CMYK 模式必须依赖于设备色彩特性的不足。由于 Lab 的色彩空间要比 RGB 模式和 CMYK 模式的色彩空间大,所以用 RGB 以及 CMYK 所能描述的色彩信息在 Lab 空间中都能表现出来,如图 7-1 所示。

4. XYZ 颜色空间

国际照明委员会(CIE)在进行了大量正常人视觉测量和统计的基础上,于 1931 年建立了"标准色度观察者",从而奠定了现代 CIE 标准色度学的定量基础。由于"标准色度观察者"用来标定光谱色时出现负刺激值,计算不便,也不易理解,因此 1931 年 CIE 在 RGB 系统基础

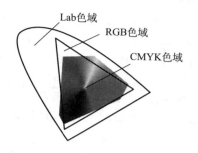

**图 7-1 不同颜色模式所能表现的颜色范围**

上,改用三个假想的原色 X、Y、Z 建立了一个新的色度系统。将它匹配等能光谱的三刺激值,定名为 CIE1931 标准色度观察者光谱三刺激值,简称为 CIE1931 标准色度观察者。

CIE1931XYZ 颜色空间就是用三个假想的三原色 X、Y、Z 建立的色彩空间,同时将匹配等能光谱各种颜色的三原色数值标准化。颜色的三刺激值可由下式计算:

$$X=k\int_{\lambda}\varphi(\lambda)\bar{x}(\lambda)\mathrm{d}\lambda$$

$$Y=k\int_{\lambda}\varphi(\lambda)\bar{y}(\lambda)\mathrm{d}\lambda \qquad (7\text{-}1)$$

$$Z=k\int_{\lambda}\varphi(\lambda)\bar{z}(\lambda)\mathrm{d}\lambda$$

式中,$\varphi(\lambda)$ 是照明体或者光源的相对光谱功率分布 $S(\lambda)$ 与物体的光谱透过率 $\tau(\lambda)$,或物体的辐射亮度因数 $\beta(\lambda)$,或物体的光谱反射率 $\rho(\lambda)$ 的乘积,即:

$$\varphi(\lambda)=\tau(\lambda)S(\lambda)$$

$$\varphi(\lambda)=\beta(\lambda)S(\lambda) \qquad (7\text{-}2)$$

$$\varphi(\lambda)=\rho(\lambda)S(\lambda)$$

式(7-2)适合于 2°视场,因此这一系统叫做 CIE1931 标准色度系统,或称为 2°视场 XYZ 色度系统。

5. HSV 颜色空间

HSV 颜色空间是用颜色的色相(Hue)、饱和度(Saturation)和亮度(Value)表示颜色。色相是指颜色反射或投射的光的波长,不同波长的光,显示不同的颜色;饱和度是指颜色的强度和纯度,它表示了纯色中灰色成分的比例;亮度是指颜色亮暗的对应关系,从黑到白用0~100%表示。

HSV 颜色空间比 RGB 色彩空间更符合人的视觉特性。在图像处理和计算机视觉中,大量算法都可在 HSV 色彩空间中方便地使用,它们可以分开处理,而且是相互独立的。因此,在 HSV 色彩空间中,可以大大简化图像分析和处理的工作量。

6. YUV 颜色空间

在现代彩色电视系统中,通常采用三管彩色摄像机或彩色 CCD(电荷耦合器件)摄像机,它把摄得的彩色图像信号,经分色放大校正得到 RGB,再经过矩阵变换电路得到亮度信号 Y 和两个色差信号 R-Y、B-Y,最后,发送端将亮度和色差三个信号分别进行编码,用同一信道发送出去。这就是 YUV 色彩空间。采用 YUV 色彩空间的重要性是它的亮度信号 Y 和色度信号 U、V 是分离的。如果只有 Y 信号分量而没有 U、V 分量,那么所表示的图像就是黑白灰度图。彩色电视采用 YUV 空间正是为了用亮度信号 Y 解决彩色电视机与黑白电视机的兼容问题,使黑白电视机也能接收彩色信号。

### 7.1.2  色彩转换

当图像输出到一台显示器或印刷机时,该设备仅显示或印刷其色域以内的色彩。同样,当扫描产生图像时,仅将扫描仪的色域以内的那些色彩保存下来。在不同色域的设备间不能准确再现彼此的色彩,但在一种设备上仔细调整图像色彩后,在另一台设备上就能改善图像色彩的视觉效果,也就是说采用色彩转换,可使两种设备尽可能显示相同的视觉效果。

1. 色彩转换的意义

色彩转换是将色彩从用一种色彩空间表示转变成用另一种色彩空间表示的过程。颜色的转换方式是调整转换后的色彩,使其从一种色彩空间到另一种色彩空间的转换过程中，能达到最大相似值的方法。

色彩空间的转换涉及两个问题，一个是颜色描述语言的选用，另一个是颜色转换的映射关系。色彩管理过程中对颜色的描述应该是与设备无关的。因为这样才能相对客观而准确地描述与控制颜色。CIEXYZ 色度空间以及 CIELab 色度空间是建立在大量测量的基础上，且与设备无关，所以被广泛应用于色彩管理系统中。

一般情况下，目标设备的色域和源设备的色域是不同的，一种情况是目标设备色域完全包含源设备色域，此时在目标设备上完全可以再现源图像的色彩，不需要进行色域压缩映射；另一种情况是目标设备色域小于源设备色彩色域，或者是二者之间色域部分重叠，这时需要将源设备中不在目标设备色域范围内的颜色压缩映射到目标设备色域内，使颜色失真尽可能的小，为此需要采用不同的色域压缩映射技术。在进行转换时，若源设备与目的设备具有相同的色彩覆盖范围，则转换只涉及两者的显色曲线的差异，但这种情况很少出现。大多数情况特别是在印刷工业中，转换涉及的源设备（例如各种彩色扫描仪或数码相机）与目的设备（数码印刷机或彩色打样机）的色彩覆盖范围即色域有很大的差距，转换需要同时解决显色曲线的差异和覆盖范围的正确映射，并且采用这种映射方式能将不可表示色用可表示的最接近色来代替。

所以，将显示色转换成印刷色的颜色转换的映射关系，是通过压缩或舍弃显示器和扫描仪色域中不能用印刷油墨来表达的色域部分，从而保证油墨能再现最大的色域范围。

在进行颜色转换时，一方面要尽可能完整表示色彩范围，另一方面又要保证颜色的准确传递，显然两者之间存在着矛盾，追求某些颜色的准确传递便有可能牺牲覆盖范围，反之亦然。例如，印刷品所能表现的最亮处只能用白纸表示，最黑处只能用四色油墨重叠所表示的黑色来再现。这个范围与原稿或扫描仪得到的信号幅度相比，有很大差距。

2. 色域映射

在从一个色彩空间到另一个色彩空间进行颜色映射时，可采用

"色域压缩"、"阶调压缩"和"白场映射"三种映射方式进行设备色域的映射。

（1）色域压缩

色域压缩可采用三种方法进行：第一种方法是通过保持色域内的颜色不变，色域外的颜色由离它最近的颜色代替；第二种方法是同样保持色域内的颜色不变，色域外的颜色用具有尽可能高的饱和度的颜色复制；第三种方法是通过色域外的颜色投影到色域的边缘，其他所有颜色均匀压缩在色域中，颜色对应的角度不变，造成饱和度降低。

（2）阶调压缩

阶调压缩有两种方法：一种方法是使色域内的亮度精确再现，色域外的亮度升高或降低，直至正好在色域上，这种方式会造成颜色在高光或者暗调处反差压缩；另一种方法是两色彩空间的最大亮度相互重叠，动态调节其他亮度，即进行均匀压缩。

（3）白场映射

白场映射有两种方法：一种方法是将输入设备的颜色空间的色调值均匀地恰好投影到输出设备的颜色空间，从而使得到的白场和标准观察者（光源为 D50、视场角度为 2°）的白场相对应；另一种方法是将输入设备的颜色空间的色调值相对于纸张或承印物的白度转换成新的颜色值。

3. 色彩转换方法

不同设备采用的色彩空间不同，其对颜色的表述方式也不同。为了实现不同设备之间的色域压缩映射，首先需要选择一个均匀的、与设备无关的标准色彩空间，将设备色彩空间转换到该标准的色彩空间中，然后在标准色彩空间中实现由源设备色域向目标设备的色域压缩映射。

在进行色域压缩映射时，要求将源设备色域中的颜色全部映射到目标设备色域中，同时使映射尽量保持原始彩色图像的视觉效果。为此各种色域压缩映射算法的设计一般都遵循以下原则：保持色调不变；明度对比度保持最大；饱和度的改变尽可能小。

不同的颜色复制系统或色彩管理系统，采用的色域压缩映射方法是不同的,从色域压缩的效果来看,ICC 提供了四种色彩转换方式。每一种转换方式提供一种不同的色彩补偿方式,以使用那些设备色域内的色彩来再现所需的超色域色彩。同时这些对色彩的补偿将根据不同的设备、媒介与观察环境来给出所需的彩色值。ICC 规定的四种色彩转换方式是:等比压缩法(也称为感性压缩法)、饱和度优先压缩法、相对色度匹配压缩法和绝对色度匹配压缩法。

(1) 等比压缩法。即保持视觉效果的压缩法,这种方法是将源设备色域中的全部颜色,线性或非线性地压缩到目标设备色域内,使图像中的所有颜色都发生变化,即使在目标色域内的颜色也被压缩,但是压缩前后图像颜色的整体对比情况在视觉上基本保持不变。从一种设备空间映射到另一种设备空间时,如果图像上的某些颜色超出了目标设备的色域范围,就收缩整个颜色空间,将输入设备的色域空间压缩到输出设备空间的大小,这种方案会改变图像上所有的颜色,包括那些位于输出设备空间色域范围之内的颜色,但能保持颜色之间的视觉关系。用这种转换方式压缩的图像在饱和度、明度以及色相上均会出现损失,且损失程度相同。

(2) 饱和度优先压缩法。即保持图像颜色压缩前后饱和度不变,但色相发生变化。其色彩转换方法是,在色彩空间中从超出设备色域的颜色的坐标点做一条饱和度值不变的直线,这条直线与设备色彩空间的交点所对应的色彩参数即为用于替代超出色域的色彩参数。它适用于那些颜色之间视觉关系不太重要,希望以亮丽、饱和的颜色来表现内容的图像的色彩转换,较适合商业印刷,印刷成品要求有很明快的对比度,如招贴、海报等。

(3) 相对色度匹配压缩法。即将源色域中不在目标色域中的颜色用目标色域的边界色或与它尽可能接近的目标色域中的颜色代替,而位于目标色域内的颜色保持不变。采用这种方案进行色彩颜色转换时,位于输出设备颜色空间之外的颜色将被替换成输出设备颜色空间中色度值与其尽可能接近的颜色。即以超出设备色域的颜色的坐标点为起点,向设备所属色域空间做一条距离最短的直线,这条直线与色域空间的交点坐标对应的色彩参数即是用来替代超出色彩的色彩参数。采用这种方法转换的图像中的大部分颜色都不发生改变,位于输出设备的颜色空间之内的颜色将不会变化地进行转换,而超色域的颜色则可能发生很大的变化,采用这种色彩转换方式可能会引起原图像上两种不同颜色在经过转换之后得到的图像颜色一样,或使图像中某些过度比较自然的部分,变得没有层次或层次过度生硬。

(4) 绝对色度匹配压缩法。即按色度值的要求进行压缩。这种方案在转换颜色时,该方法精确地匹配色度值,首先准确地确定出图像的黑、白场。在不影响图像的白场、黑场的情况下对色彩范围进行调整。色彩色相的准确再现是这种转换模式的主体,在复制一种专色或者一种特定的颜色时,该方法较为常用。这种方法因为会在饱和度和明度上有较大的损失,使图像视觉关系改变,在色彩的实际转换过程中很少采用。

4. 色彩转换与色域映射的匹配

在色彩管理过程中进行颜色的转换与匹配时,采用的色域压缩转换方式不同,色域映射方式也应与之对应。

通常采用保持视觉效果的压缩方式进行色彩转换时,色域压缩则采用通过色域外的颜色投影到色域的边缘,其他所有颜色均匀压缩在色域中的方法;阶调则进行均匀压缩;白点映射时将输入设备的颜色空间的色调值相对于纸张或承印物的白度转换成新的颜色值。这种匹配方法在转换时保持源空间的色彩变化相对关系不变,使得一幅图像进行色空间转换后,人眼的感受和原稿相同。

采用相对色度优先进行色彩转换时,色域压缩时保持色域内的颜色不变,色域外的颜色由离它最近的颜色代替;阶调压缩采用均匀压缩方法;白场映射还是将输入设备的颜色空间的色调值相对于纸张或承印物的白度转换成新的颜色值。因为在视觉范围内,正常观察者的眼睛感知的颜色不是绝对的,而总是和背景及周围环境有关。因此这种颜色匹配方法使颜色的复制相对于白纸,即中性灰部分 $a$ 和 $b$ 的值不为 0,而是和白纸一样有同样的色彩偏差。使用这种方法可使颜色均匀地、精确地复制。

采用饱和度优先法进行颜色转换时,色域压缩时保持色域内的颜色不变,色域外的颜色用具有尽可能高的饱和度的颜色复制;阶调压缩采用均匀压缩方法;白场映射也与上述方法相同,即将输入设备的颜色空间的色调值相对于纸张或承印物的白度转换成新的颜色值。这种方法是源于商业印刷的再现要求而提出的,它不只看颜色复制的精确性,最重要的是使颜色要有很高的色彩饱和度和亮度。

利用绝对色度优先法转换颜色时,色域压缩采用保持色域内的颜色不变,色域外的颜色由离它最近的颜色代替的方法;阶调压缩时使色域内的亮度精确再现,色城外的亮度升高或降低;白场映射采用将输入设备的颜色空间的色调值均匀地投影到输出设备的颜色空间的方法。这种方法使得转换后色域外的颜色和亮度在一定程度上被裁剪了,并且使用和它最近的颜色来代替,输入设备颜色空间的白场被投影到标准观察者的白场点上。

## 7.2  色彩管理的过程与方法

色彩管理的目的是要实现所见即所得。因为人眼对物体颜色的感受受环境因素的影响很大,因此实施色彩管理之前,必须建立稳定的颜色环境,使在色彩管理全过程中,对同一颜色,人眼在原稿上、屏幕上和印刷品上所观察到的颜色效果是一样,所以色彩管理要使用标准的光源,一般采用色温为 5000K 或 6500K、具有较高显色指数的标准光源,此外,还应注意环境条件的影响,不同颜色的背景及环境对人眼的颜色判断的准确性影响也很大。

### 7.2.1  色彩管理过程

进行色彩管理,基本需要顺序地经过三个步骤,这三个步骤简称为"3C",即"Calibration"(设备校正)、"Characterisation"(设备特征化)及"Conversion"(转换色彩空间)。

1. 设备校正(Calibration)

图像复制过程中,所有仪器必须校准后才可使用,为确保仪器的表现正常,色彩管理的第一步就是设备校正。设备校正是指通过对印刷复制系统的所有设备进行调校,使之达到标准的显色效果。设备校正包括两方面的内容,即调校各单台设备,使其达到标准的颜色表达效果,以及通过综合调校,使各设备之间的显色效果达到一致。

2. 设备色彩特征化(Characterisation)

色彩特性是指每个图像输入或图像输出设备,甚至彩色显色材料,所具有的色彩范围或色彩表现能力。设备色彩特征化的目的是确立图像设备或显色材料的色彩表现范围,并以数学方式记录其特性,以便进行色彩转换之用,也就是说设备色彩特征化就是要创建设备色彩特征文件。设备特征文件的创建通过分光光度计对所选的一组标准色块进行物理测量,并通过相应的软件的计算而产生。这些色块通过测量被创建成一个电子文件,然后通过专用软件计算一个将设备色度值(如 RGB 或 CMYK)转换成 CIELab 色彩空间值的数学描述。正确制作设备特征文件的过程就是精确地将所有的 RGB 或 CMYK 色彩值转换成 CIELab 色彩值的基础。

3. 色彩转换(Conversion)

色彩转换是指仪器与仪器、仪器与显色材料或显色材料与显色材料之间的颜色空间的转换。每个仪器或显色材料的色彩范围都各有不同,例如彩色显示屏是 RGB 色彩,而常规四色印刷是 CMYK 色彩;不同牌子(甚至相同牌子)的彩色显示屏的色彩范围未必一样,同样地不同制造商的四色油墨的色彩范围亦可能不相同,所以色彩管理中的色彩转换就是将一种设备所表示的颜色转换到用另一种设备表示,但不是提供百分百相同的色彩,而是发挥仪器或显色材料所能提供最理想的色彩,同时也预测实际复制再现的结果。

### 7.2.2 色彩管理方法

1. 输入设备的校正与特征化

扫描仪和数码相机是数字印刷中图像输入的主要设备,对它们的校正就是对其亮度、对比度、黑白场(RGB 三原色的平衡)进行校正,使扫描仪在不同时间扫描同一幅原稿,都能获得相同的图像数据,或者数码相机多次拍摄同一景物能获得相同的图像数据。

2. 显示器的校正与特征化

数字印刷工艺中都把显示器作为预打样手段，依靠屏幕色来调整图像色彩。因此，色彩管理系统的关键之一是使显示器的显示效果与输出打样或印刷效果相接近。但由于显示器是以 R、G、B 加色原理进行工作的，与输出打样或印刷品色料的呈色特性不同，使得显示颜色很难与打样或印刷油墨颜色很好地匹配。因而在实际生产中显示器的颜色显示经常误导操作者，造成工作中的许多不便。同时，显示器的电子枪是有一定的使用寿命的，红、绿、蓝三色光的不同组合会改变显示器的成像效果。因此，应尽量仔细地把显示器的颜色调校到与打样或印刷的颜色相接近。

显示器有多种调节方式，可通过调节亮度、对比度与色彩平衡，或者人为的设置 Gamma 值，来达到校正显示器的目的。

对于显示器白平衡的确定通常可以利用显示器的白色区域的色温，或者是白色区域的三刺激坐标来表示。色温可以反映屏幕上的白色区域的颜色平衡，色温低则屏幕颜色偏黄，色温高则偏蓝色。为了使操作者在屏幕上看到图像的颜色与输出在纸张上的图像颜色尽可能一致，CIE 推荐使用标准照明体 D65 的色温值，即要求显示器的色温为 5000～6500K，Mac 机通常默认为 6500K。

Gamma 值是表示显示器输入和输出之间的指数关系的数值，该值影响到图像高光与暗调的分布情况。Gamma 值越小，图像亮调的等级差拉得越大，对表现亮调颜色越有利；Gamma 值大时，图像暗调的等级差拉得越大，对表现暗调颜色越有利。因此 Gamma 值的选取应使整个亮度等级变化均匀。

显示器的校正与特征化可分为仪器测量和目测调节两种方式。仪器测量是通过相应的软件的控制，并利用分光光度计或屏幕测色仪的测量来完成显示器校正与特征化。软件将 IT8 色标中的色块传递给显示屏幕，分光光度计再将测得的数据返回给电脑，软件以此为依据，进行比较后，建立一个色彩特征文件。有了这个特征文件，便可以知道显示器的色彩空间 RGB 与 CIELab 标准色彩空间之间的转换关系。

3. 印刷打样设备的校正与特征化

在印刷与打样校正时，首先，必须使该设备所使用的材料，例如纸张、油墨等符合标准。其次，为了检测印刷机上彩色复制的质量好坏，采用标准色彩控制条，在测量条件一致或在固定的误差情况下，控制条作为色彩发生变化的指示器。印刷机根据控制条上的消息，将控制条上的测量数据转换成控制算法，自动调节墨辊的供墨量。

对数码打样机和印刷机的校正和特征化的方法是：先用打印机输出一个标准色标，用分光光度计测量该色标，然后用专用的软件，如Profile Maker，把所测的 CIELab 数据和打印输出的 CMYK 百分比结合起来，生成一个"目标"或"输出"设备的特征文件，完成特征化。

4. 色彩转换

色彩转换是用与设备相独立的色彩空间为桥梁，将彩色图像数据在不同设备之间进行转换。色彩转换必须使显示器与彩色打样机或者数字印刷机所输出的色彩尽可能接近扫描原稿，但是由于输出设备的色域一般比原稿、扫描仪、显示器小，因此在色彩转换的时候必须进行压缩。

在色彩管理技术中，所采用的色彩转换模式主要有矩阵处理模式和对照表处理模式。

（1）矩阵处理模式

对于某些彩色复制设备如彩色显示器，只需要以矩阵及简单的对照表方式，即可将特征化文件中的必要信息，精确地从设备色彩空间转换到色彩连结空间（Profile Connection Space，PCS），此时它所采用的处理模式即为矩阵处理模式。

矩阵处理模式是使用三个一维的阶调复制曲线对照表以及一个 $3 \times 3$ 的矩阵，来进行设备色彩与色彩连结空间 PCS 的色彩信息转换，也就是说每个输入的信号分别经过一个阶调复制曲线对照表，再经过 $3 \times 3$ 的矩阵产生与设备独立的色彩空间信息，如图 7-2 所示。一维对照表的功能是用来调整红色、绿色与蓝色的色彩信号数值，并根据 CIEXYZ 中的明度轴 Y 值来进行修正，再应用 $3 \times 3$ 的矩阵将信号转换成属于 CIE 设备独立色彩空间的 CIEXYZ 值或 CIELab 值。

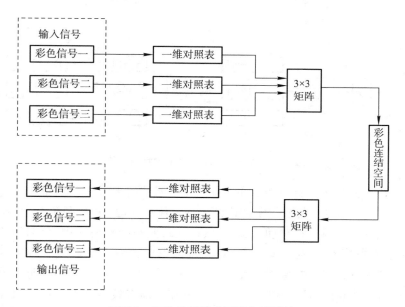

图 7-2　矩阵处理模式下的色彩转换

一般来说,在处理输入红色、绿色和蓝色的色彩信号,经一维对照表以及 3×3 的矩阵运算后,即可产生设备色彩与 CIE 色彩空间信号的色彩转换信息对应值,从而建立特征化文件中设备色彩空间与设备独立色彩连结空间 PCS 的对应关系。此时,其中的一维对照表以及 3×3 的矩阵曲线可以解释为不同设备进行色彩信息转换时,所处理的白点转换算法。需要特别注意的是,在一维对照表中应该提供足够的数据资料,以避免在进行内插运算时产生错误,最理想的是要保持曲线的平滑度。

（2）对照表处理模式

对于某些彩色复制设备,特别是输出设备的特征化文件,如打印机、数码打样机等,是无法应用矩阵处理模式精确地完成色彩信息的转换的,所以在 ICC 色彩管理标准中,另外提供了一组较为复杂的转换方法,称为对照表处理模式,如图 7-3 所示。

对照表处理模式中的色彩信号处理的 3×3 矩阵以及一维对照

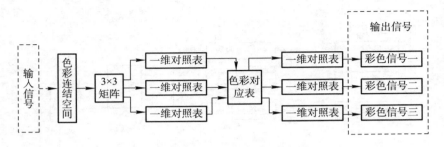

**图 7-3 对照表处理模式下的色彩转换**

表,基本上与矩阵处理模式的大同小异,都是用来将彩色信号转换为CIE设备独立色彩空间的 CIEXYZ·或 CIELab 值,以及调整红色、绿色和蓝色的色彩信号数值之用。只是在对照表处理模式中,色彩信号在进入色彩对照表处理模组的前后,都需要再一次的经过一维对照表,进行色彩信号数值的调整,才可以进行下一个处理。而对照表处理模式与矩阵处理模式的最大不同,就在于前者较后者多了色彩对照表处理模组。色彩对照表处理模组由 n 维向量矩阵所组成,主要的功能是处理输入色彩与输出色彩的转换,以产生两者之间的关系对照表。所以对照表处理模式的基本结构较矩阵处理模式复杂,并且所产生的色彩管理特征化文件的内容较多,处理速度较慢。

## 7.3 色彩管理系统

色彩管理系统是以 CIE 色度空间为参考色彩空间,特征文件记录设备输入或输出的色彩特征,并利用应用软件及第三方色彩管理软件作为使用者的色彩控制工具,其核心是用于标志彩色设备色彩特征的设备特征文件,而设备特征文件必须在一定的标准基础上建立,才能达到色彩管理的目的。ICC 国际色彩联盟为了通过色彩特性文件进行色彩管理,以实现色彩传递的一致性,建立了一种跨计算机平台的设备颜色特性文件格式,并在此基础上构建了一种包括与设备无关的色彩空间(Profile Connection Space,PCS)、设备颜色特性文件的标准格式（ICC Profile）和色彩管理模块（Color Management Module，CMM）的系统级色彩管理框架，称为 ICC 标准格式，其目标是建立一个可以以一种标准化的方式交流和处理图像的色彩管理模块，并允许色彩管理过程跨平台和操作系统进行。

### 7.3.1　设备特征文件

设备色彩特征化是色彩管理过程的基础，数字印刷过程中所使用的每一种设备都具有它自身的色彩描述特性，为了进行准确的色彩空间转换和色彩匹配，必须对系统设备进行特征化处理。输入设备的特征化处理，是指利用一个已知的色度值标准表，对照该表的色度值和输入设备（如扫描仪）所产生的色度信号，做出该输入设备的色度特征化曲线。而输出设备特征化，是指对输出设备（如打样机）利用色彩空间的概念，做出该设备的输出色域特征曲线。所以设备色彩特征化的核心是制作各设备的设备色彩特征文件。

1. 设备特征文件及其标准

设备特征化，是用以界定输入设备可辨识的色域范围与输出设备可复制的色域范围的工作，并将不同设备间 RGB 或 CMYK 的色彩与 CIE 所制定的设备独立色彩，如 CIEXYZ 或 CIELab 色彩空间，建立所谓设备色彩与设备独立色彩间的色彩转换对应文件，称之为设备特征文件（ICC Profile）。

设备特征文件是用来反映某个设备表现色彩的范围和特征的，利用设备特征文件就可以使用色彩转换程序在设备的色彩空间和 CIELab 色彩空间之间进行映射转换。在做出输入设备的色彩特征曲线的基础上，对照与设备独立的色彩模型，做出输入设备的色彩特征文件，同时，利用输出设备的色域特征曲线做出该输出设备的色彩特征文件，这些特征文件是各自设备的色彩空间同标准的与设备独立的色彩空间进行转换的桥梁。在跨平台和跨系统的颜色传递过程中，可以在许多文件格式中嵌入用来生成该文件的彩色设备的设备特征文件。

ICC 标准是建立在 PCS 参考空间的基础上。所谓 PCS 是用来连接各种设备的 ICC 色彩特征文件的,在 ICC 中是指定采用 CIE 标准为色彩特征文件转换的依据,而且建立设备色彩特征文件时,其使用的是设备独立色彩,因此,ICC 特征文件含有从设备颜色向 PCS 空间转化的数据,还包括从 PCS 空间到设备颜色空间转换的数据。

2. 设备特征文件的作用

设备特征文件为色彩管理系统提供将某一设备的色彩数据(即一个设备能够产生或获得的色彩范围、色域)转换到设备独立的色彩空间中所要的必要信息。对每一种设备,都有一个算法模型会执行色彩转换过程。这些数学模型根据内存需要、执行过程和图像质量的不同要求,提供相应的色彩复制质量。

设备特征化文件是一个标准格式文件,是基于颜色的光谱数据而得到的设备颜色特性数据,它描述了一个设备在 CIE 色彩空间内的位置,可通过不同的设备所附带的特征文件来描述和翻译不同厂商生产的设备再现色彩的能力。色彩管理软件通过特征化文件完成色彩转换、显示和管理工作。设备特征化文件把一系列标准颜色转换成设备认可的颜色。扫描仪、显示器或打印机等设备理解颜色信息之后决定如何处理颜色,通过对颜色的计算之后再把它们显示或打印输出。色彩特征文件的工作过程就是把任何输入的颜色信息转换成 CIE 颜色空间内的颜色。反过来,它能把 CIE 颜色空间的颜色转换成输出设备的色彩再现空间,色彩特征文件的算法思想是实现色彩空间的转换。也就是说,色彩管理系统根据输入设备的特征化文件,将数据文件转移到特征文件的色彩空间,再根据输出设备(显示器、打印机)的特征文件,把数据文件的色彩信息转移到输出设备的色彩空间,从而保证工作流程中色彩还原的一致性。

特征化文件系统处理颜色有两种方式:第一种方式,内置于设备中的特征化文件信息通过按键操作把要处理的文件自动生成颜色信息,或者把颜色信息解释成输出设备的特性颜色信息,之后再显示或打印文件。这种方式的每一步处理过程中需要商家或用户的设备特征文件来支持;第二种方式,操作人员手里保留设备特征文件,要处理文件时操作人员才装入,当文件被送到下一步工序时,此处的操作人员需要再次装入颜色特征文件。

3. 设备特征文件的构成

设备特征化文件是色彩管理中相当重要的部分,符合 ICC 标准格式的色彩特征文件,由三个主要部分组成,即文件头、资料索引表、索引内容。

(1) 文件头

文件头记录了色彩特性文件的基础信息,长度为 128 字节,包括色彩特性文件的大小、类别、版本号、CMM 类型、数据的色度空间类型、色彩特性文件生成时间、操作系统的平台、CMM 和分布处理标记、设备生产厂家、设备型号、设备特性、复制要求、色度空间照明体的 XYZ 值、色彩特性文件生成者的标记等。

(2) 资料索引表

资料索引表的长度为 $(4+12 \times N)$ 字节,其中 $N$ 为标记数,起始的前 4 个字节记录了资料索引表中的标记数量,其后是每个标签索引内容,每个标签索引内容为 12 个字节,分别记录了标记名称(4 字节)、偏移地址(4 字节)、资料量大小(4 字节)。所有资料索引的名称都是由 ICC 国际色彩组织制定的,是国际 ICC 色彩特征文件的标准资料索引。因此,色彩特征文件生产厂商开发或建立新的资料索引名称时必须获得 ICC 的认可与规范。每个资料索引的第 4 位～第 7 位是说明文件移位至某位时资料的起始位置,第 8 位～第 11 位则是说明资料索引的资料量的大小。

(3) 索引内容

索引内容用来提供色彩管理模块进行色彩转换的完整信息和数据。ICC 特征文件的索引内容,可大致区分为三个区域,即必要索引资料内容区、选择索引资料内容区及个别索引内容区。在必要索引资料内容区提供色彩管理系统预设核心程式 CMM 色彩管理模块进行色彩转换的完整资料;选择索引资料内容区定义了许多资料索引,用以加强色彩在进行转换时的数据资料;个别索引资料内容区介绍 CMM 色彩管理模块开发厂商,作为强化色彩管理转换的准确度之用。

必要资料索引区是提供色彩管理系统进行色彩转换时必要的基

本标准资料内容信息，也就是说只要是 ICC 标准所规定的内容，在必要资料索引区都有记录，其中主要是以输入设备特征化、显示设备特征化及输出设备特征化等三种基本的特征化文件来分组，另外在三种基本的特征化文件下，又区分为黑白设备和彩色设备的特征文件。ICC 色彩特性文件有数十种标记，每种标签的定义、用途、字节长度都不尽相同。不同特性文件中标签的内容和个数也不同。

4. 设备特性文件的工作原理

色彩管理模块 CMM 根据色彩特性文件的信息和数据，在 PCS 与设备颜色空间之间进行转换。ICC 标准规定了三种基本设备特性描述文件，即输入设备特性文件、显示设备特性文件、输出设备特性文件，在三种基本的特性文件之下，又分为单色和彩色设备的特性文件。

单色输入设备特性文件是通过读取灰色复制曲线标签可以得到设备值对应的 PCS 值。对基于矩阵转换三通道输入彩色设备的特性描述文件，分为两个步骤：首先是利用三个通道阶调复制曲线将非线性的 RGB 值转换成线性的 RGB 值，然后通过红、绿、蓝三个通道 XYZ 相对三刺激值标签获得一个 3×3 的矩阵，利用这个矩阵将线性的 RGB 值转换成相对的 XYZ 值。

单色显示设备与单色输入设备的特性文件非常类似，也是通过读取灰色阶调复制曲线标签来得到设备值对应的 PCS 值。基于矩阵、阶调复制曲线转换的彩色显示器的色彩特性文件实现从 RGB 到 PCS 的双向转换（因为显示器既是源设备，如从显示器到印刷机的转换，又是目的设备，如从扫描仪到显示器的转换）。

单色输出设备特性文件也是通过读取灰色阶调复制曲线标签，在设备值和对应的 PCS 值之间转换。彩色输出设备特性文件描述的也是一个双向转换过程，因为输出设备既可以做源设备又可做目的设备，它采用多维查找表模式进行转换。

### 7.3.2 色彩管理模块 CMM(Color Management Module)

色彩管理模块是用于解释设备特征文件，并依据特征文件所描述的设备颜色特征进行不同设备的颜色数据转换。无论是操作系统还是专门的色彩管理软件都提供对应的 CMM。由于各设备的色域各有不同,因此不可能在各设备间有完美的色彩搭配,CMM 的功能就是选择最理想的色彩进行色域匹配。

CMM 通过色彩管理软件用设备颜色数据表示图像颜色,从而完成色彩的转换。在色彩管理软件方面,CMM 把资料从一种设备色彩通过独立色彩空间的传递,转换成另一种设备色彩。CMM 内建在操作系统中,色彩管理软件通过控制应用程序来控制 CMM。例如,如果想要在打样机或者显示屏上仿真印刷的效果,就可运用软件将屏幕颜色数据、打样机颜色数据、印刷机颜色数据等信息下载到 CMM 内,进行比较并将颜色转换的信息送回屏幕。

## 7.4　色彩管理系统实例

色彩管理是现代数字印刷工艺流程中最重要的技术之一,人们对色彩管理也越来越重视,国内外许多公司也都相继开发出各具特色的色彩管理系统,它们对色彩管理的实施技术各有不同,但基本方法是一致的。以下介绍几种色彩管理系统的实例,以便读者对色彩管理有更进一步的认识。

### 7.4.1　高术数字化色彩管理体系

针对目前市场上印刷企业的强烈需求,高术公司结合自己多年来对印刷行业的深刻理解和实践经验,适时推出了"高术数字化色彩管理体系"。

高术数字化色彩管理体系以印品质量为中心,以现代色彩管理理论为基础,面向开放式数字化印刷环境,将现代色彩管理方法与传统色彩控制手段相结合,整合国内商业印刷和报纸印刷常用工艺、材料、设备与软件,采用一套规范化、标准化和数字化的色彩管理方法和控制手段,保障色彩在整个印刷工艺流程中稳定传递,实现高品质印刷的色彩管理。

高术数字化色彩管理体系的主要内容有:在解析商业印刷和报业印刷生产、工艺和经营现状的基础上,建立设备的合理工艺技术路线、控制方法、技术规范和检测标准;采用定量分析方法确定现有设备的最佳印刷条件,获取图片扫描、处理、输出与印刷等各个生产环节的基准控制参数,制定生产作业流程、检查与验收标准;根据各个环节的具体情况,制定一套完整的数据化的工作流程方案和关键环节的控制方法;建立设备各工序的有关标准与参数;建立一套应对外来彩色产品的分析与评价机制,与用户沟通,解决用户原稿、样张和产品之间的图像色彩偏差问题;对扫描仪、数码打样系统、输出设备和印刷设备,提供专业的测试。

高术数字色彩管理体系为印刷工艺各个环节颜色保持一致提供可靠的解决方案,如图 7-4 所示,其中包括标准颜色环境解决方案、显示器及系统校准解决方案、扫描工艺校准解决方案、数码打样色彩管理解决方案、CTF 工艺色彩管理解决方案、CTP 工艺色彩管理解决方案、印刷工艺色彩管理解决方案以及高术人员培训和个性化服务。

1. 标准色彩环境解决方案

高术标准颜色环境解决方案通过对光源的色温、显色指数、安排布局等科学的选择和配置为扫描原稿、打样样张、印刷成品、显示器的观察环境提供标准和稳定的颜色环境。选用 JUST 的 D65、D50 标准光源。

2. 显示器及系统校准解决方案

高术显示器及系统校准解决方案通过对显示器亮度、对比度、灰平衡、色平衡等基准设定和精密仪器测量生成反映显示器特征的 ICC文件,使颜色通过色彩转换引擎在设备间保持一致。同时高术显示器及系统校准解决方案还为桌面系统所涉及的图像、图形及排版软件正确设置色彩控制参数,使色彩转换准确如一。使用的工具及软件有:IT8 工业色标及标准色度值;爱色丽 MonacoOPTIX/格灵达麦克贝斯Spectrolino 屏幕校准仪及配套软件;Monaco Profiler、ProfileMaker;索尼特丽珑显示器。

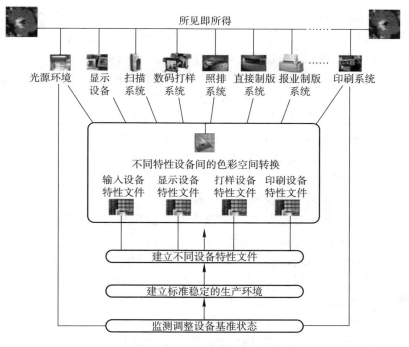

**图 7-4　高术数字色彩管理系统**

3. 扫描工艺校准解决方案

　　高术扫描工艺校准解决方案通过对扫描仪的白平衡、灰平衡等线性化基准设定和色彩管理软件建立反映扫描仪特征的 ICC 文件，使颜色通过色彩转换引擎在设备间保持一致。同时进一步对不同种类原稿进行规范，设置不同的扫描分色参数，使色彩还原更加准确。使用的工具及软件有：标准灰梯尺、色梯尺；爱色丽、格灵达麦克贝斯透射、反射密度计；IT8 工业色标及标准色度值；爱色丽 MonacoPROFILER、格灵达麦克贝斯 ProfileMaker ICC 生成软件；SCREEN SG-8060Ⅱ、ICG370S/370HS 高档滚筒扫描仪、彩仙平台扫描仪。

4. 数码打样色彩管理解决方案

高术数码打样色彩管理解决方案通过稳定打样、印刷工艺过程，提取标准工艺参数，其次采用精密仪器测量色梯尺，生成打样、印刷稳定标准的 ICC 特性文件，通过数码打样色彩管理软件最终实现同印刷的匹配，解决制版和印刷工艺中的颜色质量控制问题。使用的工具及软件有：标准灰梯尺、色梯尺；爱色丽/格灵达-麦克贝斯反射密度计；IT8 工业色标及标准色度值；爱色丽 DTP41、格灵达麦克贝斯 Spectrolino&SpectroScan 分光光度仪，配套软件 Monaco Profiler 及 ProfileMaker；高术数码打样色彩管理软件 Blackmagic；佳盟 RIP、Epson 及 HP 系列大幅面喷绘机。

5. CTF 工艺色彩管理解决方案

高术 CTF 工艺色彩管理解决方案通过精密仪器和测控条对照排、晒版工艺的严格控制，如曝光值、显影定影条件、实地密度等，使网点能够准确无误地传递，从而保证颜色的一致性。使用的工具有：标准灰梯尺、网点梯尺；UGRA 控制条；爱色丽、格灵达麦克贝斯透射密度计、印版检测仪；佳盟 RIP、网屏剑神和刀神照排机。

6. CTP 工艺色彩管理解决方案

高术 CTP 工艺色彩管理解决方案是通过精密仪器和测控条对制版工艺的严格控制，如曝光值、显影定影条件、网点还原等，使网点能够准确无误地传递，从而保证颜色的一致性。使用的工具有：标准灰梯尺、网点梯尺；UGRA 控制条；爱色丽、格灵达麦克贝斯印版检测仪；佳盟 RIP，网屏霹雳出版神直接制版机，克里奥全胜直接制版机。

7. 印刷工艺色彩管理解决方案

高术印刷工艺色彩管理解决方案通过专门设计的测试样张对印刷生产环境、设备、工艺基准及基础参数设定，建立不同生产设备环境的工艺质量控制方法与控制参数，如印刷实地密度、网点增大、相对反差、叠印率、套准和版面均匀性等，在标准误差范围内再现原稿的色彩、层次。在确定印刷生产环境、设备与工艺基准及其基础参数之后，根据产品特性的共性来获取不同印刷生产环境中设备、材料的色彩特征描述，包括含 IT8 测试表的印制、控制参数的测量方法、数据处理和 ICC 文件的建立。使用的工具有：标准灰梯尺、色梯尺；爱色丽、格灵达麦克贝斯密度计、分光光度仪；GATF 对开单张数字测试表、布鲁纳尔控制条；IT8 工业色标及标准色度值；爱色丽 DTP41、格灵达麦克贝斯 Spectrolino & Spectroscan 分光光度仪，配置软件 Monaco Profiler、ProfileMaker。

### 7.4.2　BESTCOLOR 色彩管理系统

BESTCOLOR 是确保打印机以某一印刷标准进行真实打样的色彩管理软件。它通过先进的 ICC 色彩管理来实现色彩复制。BESTCOLOR 软件的创始人 Stefan 博士是德国 Fogra 学院新技术开发组的负责人。1994 年，全球出版界中操作系统应用软件的领导在 Fogra 学院的倡导下制定了色彩管理标准。这一标准使任何一家公司的 profile 文件在所有的计算机平台下的所有应用程序都得以兼容。ICC 色彩转换技术从而被引入了打样领域。BESTCOLOR 正是在这种环境下诞生的。它的开发小组的成员参与了 ICC 标准的建立，掌握着核心技术，这保证了 BESTCOLOR 软件对色彩的精确复制。

BESTCOLOR 可将色彩管理引入生产系统中，可通过 BEST-COLOR 方便地以某一印刷标准进行打样。这些标准有世界著名的欧洲印刷标准、美国印刷标准等。为了使打样系统能够符合国内印刷条件，特别制作了一些国内印刷环境的参数，以满足国内客户的需求。这些国内印刷参数是从符合国内印刷复制要求的胶印样张上采集的，结合了印刷品的实地密度、网点增大、印刷反差及一些色块的色度值。样张中除一些常用印刷控制条外，还包含了一个 ISO 12642/ANSI IT8.7/3 的标准色块组。色块组中含有几百个色块，包括印刷原色的 4 色、3 色、双色的不同组合。许多色块都有黑版参与，可方便地从中得到一个印刷参数及一个较完美的分色表。这些色块都是以色度为衡量单位，有更为广泛的通用性与准确性。应用这些标准样张建立的 ICC 文件将代表某一印刷水准，而且这些标准可以方便地实现数据化。

BESTCOLOR 色彩管理的特色主要表现为以下几方面。

1. 打印机线性化功能

由于目前使用的硬件平台即大幅面喷墨打印机使用的原色与印刷色原色不同，而且由于喷墨原理与纸张的关系导致了打印机线性的严重缺失。为此 BESTCOLOR 开发了打印机线性功能，在 Super Enhance 超微网点算法两项技术保证下，可以打印出更多灰度级及完整线性。BESTCOLOR 数字式打样支持在打样前打印一组色块，用仪器或肉眼区分并选取某个原色的起始点，去掉那部分"并"掉的线性。BESTCOLOR 支持使用线性校正曲线，可像校正照排机一样校正打印机，使打印机恒定地保持在某一线性水准。

2. 网点增大调整功能

印刷的网点增大与喷墨打印机的网点增大是大不相同的。BESTCOLOR 提供了网点增大调整功能。在打印前就可以设定每个打印油墨的网点增大，这样就减少了用 ICC 校正的过程，同样校正误差也就减小了。BESTCOLOR 还在打印前加入了 GAMMA 校正与底色去除量的设定，在打印复合色时用其原来墨量的 50% 或其他比例来打印，复合色就不会过深或化开了，从而对打印介质的要求也就降低了。最后，用此线性参数集来打印生成 ICC 文件所需的测样张，如IT8。这时测得的 ICC 文件拥有以前相同油墨色域，但包括的信息量更多了。用它来模拟印刷样张，样张上的特性都可用 BESTCOLOR 打印出来，如层次、网点增大、复合色，而且色彩还原更精确。在打印后如还不满意，可就某个百分比的点单独进行调节。

3. 专色打样功能

BESTCOLOR 还有其他一些专为印刷而准备的功能，例如专色打样。BESTCOLOR 支持用打印机的全色域打印专色，只要专色的颜色在打印机的油墨色域内就可打印出，方便通过工具来调节，在屏幕上预视调节结果的颜色。这样，就可在同一样张上一次打印印刷色与专色。当然印刷色用其印刷色的色域；专色则不受其限制，用全色域打印。

### 7.4.3 Photoshop 的色彩管理

Photoshop 是 Adobe 公司开发的图像处理软件,同时也是一个完整的色彩管理系统。Photoshop 在软件不断升级的过程中,色彩管理功能也有很大的改进。下面以 Photoshop 7.0 为例说明其色彩管理流程及方法。

1. 显示器的校准和特性化

为了使用户在屏幕上看到的颜色尽可能地与输出样张的颜色接近,必须首先对显示器进行校正,任何色彩工作流程都是从显示器的校准和特性化开始的。校准的目的是为了获得最好的图像显示环境,以便于对图像进行编辑。特性化的目的是为了获得显示器的 ICC Profile 文件,Photoshop 可以用它来优化显示器的显示效果。

Windows 系统的用户可以通过运行 Adobe Gamma 实用程序来对显示器进行校准和特性化。而 Mac OS 系统的用户可以通过 Color-Sync 系统或 Adobe Gamma 实用程序来实现这一目的。

2. Photoshop 的颜色设置

显示器校正之后就可以进行 Photoshop 的颜色设置了。进入"编辑→颜色设置",就可以打开颜色设置对话窗口,70％的色彩管理都是在这里完成的。Photoshop 7.0 默认状态下的"颜色设置"。对话窗口由 6 部分组成,分别为"设置"、"工作空间"、"色彩管理方案"、"转换选项"、"高级控制"和"说明"。如果没有激活"高级模式"复选框,则没有"转换选项"和"高级控制"两部分,当鼠标移动到每一部分时,最下面的"说明"部分会有对此部分的简短说明。

(1)"设置"的设定

"设置"的缺省选项为"Web 图形默认设置",根据使用目的和所在区域的不同可进行不同的设置。希望模拟印刷机标准时选择"美国印前默认设置"或"欧洲印前默认设置"或"日本印前默认设置",如果不希望 Photoshop 修改色彩,则选择"色彩管理关闭",但最好不选这一项。

(2)"工作空间"的设定

设定"工作空间"时,对 RGB 工作空间,一般应该选择"Adobe

RGB(1998)"作为 RGB 图像的工作色域。"sRGB"主要作为网络图像设计的工作色域,"ColorMatch"一般是 Mac 用户的选择,而"AppleRGB"主要是在 Mac 系统中进行网络图像设计的选择。这 4 种工作色域都是与设备无关的。

对 CMYK 工作空间,可以选择"加载 CMYK"选项,按照每个图像的印刷流程,选择相对应的 ICC Profile 文件。如果用户习惯于使用 Photoshop 以前版本的 CMYK 设定,则可以选择"Photoshop 5 Default CMYK"或"Photoshop 4 Default CMYK"选项。如果图像只用于在 Epson、HP 等喷墨打印机上输出,这一项的设置是无关紧要的,因为打印机支持的是 RGB 颜色空间而不是 CMYK 颜色空间。对灰色工作空间和专色工作空间,则应按照图像的用途进行相应设置。

(3)"色彩管理方案"的设定

在 Photoshop 7.0 中,每个色彩空间的管理方案都有相同的 3 个选项。根据图像输出用途的不同,选择色彩管理方案中的"关"、"保留嵌入的配置文件"、"转换"选项会有完全不同的效果。

选择"关"选项时,如果打开的图像没有嵌入特性文件,图像将在当前已定义的工作空间内被编辑,图像存储时也不会嵌入特性文件;如果图像嵌入的特性文件与当前的色彩设置一致,图像的特性文件将被保留并和图像一起存储;如果图像嵌入的特性文件与当前的色彩设置不一致,则原有图像的特性文件将被删除。这个选项相当于消除了色彩管理功能。

选择"保留嵌入的配置文件"选项时,对没有嵌入特性文件的图像的处理完全与选项"关"是一样的;如果图像嵌入的特性文件与当前的色彩设置不一致,则图像仍然按照嵌入特性文件描述的色彩在显示器进行显示,当前的色彩设置对这幅图像没有影响。

选择"转换"选项时,如果图像中嵌入的特性文件与当前的色彩设置不一致,则特性文件转换为当前的色彩设置。

(4)"转换选项"和"高级控制"的设定

"转换选项"部分的"引擎"是要求用户选择不同的 CMM(色彩管理模块),一般选择 Adobe(ACE)比较好。而"意图"可以从列出的

4个选项(即相对比色、绝对比色、可察觉的、饱和度)中选择一项,在印前处理中一般选择"可察觉的"较好。"使用黑场补偿"复选框一般不应该勾选,而"使用仿色"复选框可以勾选上,这样对提高网点的品质会有一定的帮助。"高级控制"部分的设定只要保持 Photoshop 默认的设置即可。

当所有的参数都设置完成后,点击"好"就可以存储设置。

3. 软打样

软打样就是用显示器作为打样的设备进行打样。为了在 Photoshop 中实现准确的软打样,需要进行一些设置。在进行设置之前,最好关闭所有打开的图像。这个过程通过"视图→校样设置→自定"命令完成。

各种打样选项的含义分别为:

处理 CMYK、处理青版、处理品红版、处理黄版和黑版以及处理 CMY 版——用前面在"颜色设置"对话框中定义的 CMYK 工作空间对图像进行软打样。

Macintosh RGB 和 Windows RGB——用标准的 Mac 或 Windows 的显示器特性文件对图像进行软打样。

显示器 RGB——用显示器的特性文件对图像进行软打样。

模拟纸白——让用户预视在当前的软打样特性文件基础上将白色背景加到底色中图像的色彩效果。

模拟墨黑——让用户预视在当前的软打样特性文件基础上的一个动态范围内图像的色彩效果。

4. 管理图像的颜色空间

在 Photoshop 7.0 中,色彩空间转换是通过"图像→模式"菜单中的"指定配置文件"和"转换为配置文件"命令完成的。

"指定配置文件"命令允许用户给图像指定任意的颜色空间特性文件。例如对于许多价格低廉的扫描仪并不支持扫描特性文件,在这种情况下必须使用这项功能给图像指定特性文件。另外,在处理没有嵌入特性文件的数码相机拍的照片时,这个功能也是非常有用的。

"转换为配置文件"命令允许用户转换图像的颜色空间。例如当想把扫描分色的特性文件应用于图像时就可用这个命令实现,而且进行特性文件转化后的图像在保存时也自动将转化后的特性文件一同保存起来。

# 数字印刷流程的集成管理

随着计算机、网络技术的飞速发展以及全球数字网络经济时代的到来,传统的制版印刷领域迎来了全新的挑战和机遇。新的行业规范、软件技术、硬件产品、解决方案、服务理念、商业模式、管理思维等,已经越来越多地被广大印刷制版企业所接受和采用。随着 CTP 技术的日趋成熟,数码打样、数字化拼版折手应用的逐渐普及,数字印刷、按需印刷的快速发展,网络远程校样输出,印刷电子商务的产生与推广,传统印刷生产流程已越来越不能适应这些新技术的变化,无法克服实际生产中出现的种种问题。为适应新的生产工艺模式而出现的数字化工作流程,不仅可以解决传统生产流程无法解决的各种问题,而且可以帮助企业提高品质效率、完善管理、拓展网络业务、推动印刷行业新的发展。数字化工作流程已经越来越受到市场和印刷业的关注,并逐步得到推广,担当起了改造传统印刷生产流程的重任。先进的工作流程系统将帮助激烈竞争环境中的印刷制版企业极大地增强自己的核心竞争能力,给企业带来质量、效率、管理、效益等的全面提升。

## 8.1　数字化工作流程基础

随着数字技术在印刷领域的应用不断深入,曾经被广泛应用的PS 语言在印刷工艺数字化发展过程中表现出越来越明显的缺陷,特别是在印前、印刷、印后加工的整个工艺流程中,无法对一个活件进行整体的控制与处理,于是就产生了能集印前、印刷、印后加工,甚至与过程于一体的数字化印刷生产流程。

### 8.1.1 集成化印刷生产概述

1973年美国约瑟夫·哈林顿(Joseph Harrington)博士在 *Computer Integrated Manufacturing* 一书中首次提出计算机集成制造(Computer Integrated Manufacturing,CIM)概念,它的内涵是借助计算机,将企业中各种与制造有关的技术系统集成起来,进而提高企业适应市场竞争的能力。CIM主要强调了两个观点:(1)企业各个生产环节是不可分割的,需要统一安排与组织——"系统的观点";(2)产品制造过程实质上是信息采集、传递、加工处理的过程——"信息化的观点"。

在计算机集成制造CIM的基础上建立的计算机集成制造系统(Computer Integrated Manufacturing System,CIMS)是指在计算机技术、信息处理技术、自动控制技术、现代管理技术、柔性制造技术基础上,将企业的全部生产、经营活动所需的各种分散的自动化系统,经过新的生产管理模式,把企业生产全部生产过程中有关的人、技术、经营管理三要素及其信息流或物料流有机地集成起来,以获得适用于多品种、中小批量生产的高效益、高灵活性、高质量的制造系统。

通常,印刷成品需要经过印前处理、印刷以及印后加工三个步骤。要高效、优质完成上述任务,就必须从技术和管理层面上不断地进行优化,以减少时间、材料、人力等的消耗,同时也减少对印刷产品质量带来不良作用各种因素的影响,使生产运行更加顺畅、产品质量更加稳定。

在印刷工业生产中,从技术角度上分析,存在着两种技术信息流,即"图文信息流"和"生产控制信息流",当然,每个企业都还有各自的"非技术性管理信息流",以便对企业的各个方面进行合理的安排。图文信息流是需要印刷传播给公众的信息,控制信息流则是使印刷产品正确生产加工而必要的控制信息。图文信息流解决的是"做什么"的问题,而控制信息流则解决"如何做"、"做成什么样"的问题。

将印前处理、印刷、印后加工工艺过程中的多种控制信息纳入计算机管理，用数字化控制信息流将整个印刷生产过程联系成一体，实现图文信息流和生产控制信息流的"一体化整合"，这就是"集成化印刷生产"的基本宗旨。作为联系印前处理、印刷和印后加工的整体概念，"数字化工作流程"是以数字化的生产控制信息将上述三个分过程整合成一个不可分割的系统，使数字化的图文信息完整、准确地传递，并最终加工制作成印刷成品。

### 8.1.2　数字化工作流程的特点

1. 数字化工作流程的意义

当数字式印刷技术和网络技术结合时，传统印刷生产过程所必需的仓储和交通运输也将减少到最低限度，甚至不再需要。制作输出最终印刷品、出版物所需要的数字式页面，已按数字化模式在网络中存在和流通，而生成这些数字式页面所必需的生产和商务操作（电子商务）也都通过网络进行。在与客户见面之前"印刷品、出版物"完全以数字方式（数字式页面）存在和流通。这就产生了数字化生产流程。

所谓数字化生产流程是指通过计算机及其网络将出版印刷生产的各个工序与环节集成，构成一个包括印前、印刷、印后加工及过程控制与管理的全数字生产作业的数字集成出版系统，它以数字化的生产控制信息，将印刷生产中的印前、印刷、印后加工三个分过程联系起来，整合成一个不可分割的系统。数字化生产流程以数字工艺作业表代替传统工艺作业单，进行生产过程中信息的传递、控制与管理，以数字打样、直接制版、数字印刷代替传统生产作业，使需印刷的数字化图文信息完整、准确地在各工序间传递，并最终加工成印刷成品，最大限度地提高产品质量，减少工艺环节，降低时间冗余，保证产品质量的高效、稳定和一致。

在数字化工作流程中不仅仅只是图文信息和印刷生产控制信息两大类信息流实现数字化，还应实现集成化的生产环境。所以数字化工作流程就是要将印前处理、印刷、印后加工工艺过程中的多种控制信息纳入计算机管理，用数字化控制信息流将整个印刷生产过程联系成一体。例如印刷单位接收到客户提供的图文原稿、版式、制作要求以后,根据印刷产品的基本特点和客户要求,确定适宜的复制工艺路线和相应的复制加工设备。在印前处理阶段,经整版拼大版后,有关印刷品折手、裁切、装订、套准规矩线等信息就已经确定下来了,RIP处理以后,得到了每张印版的记录信息。此信息一方面用于胶片或印版的记录输出,一方面在后工序印刷时可以用于印刷机各油墨区的控墨基础数据,并由此获得墨量控制数据信息,而不须进行印版扫描。在印刷过程中,在调试印刷机时,可以利用印前阶段已经产生的套准规矩线、位置数据进行多色套印调节,同时可以利用已经获得的墨量调节数据,进行印刷机各墨区的墨量的调节,而不必反复进行测试印刷,使印刷机快速进入正式印刷状态,既节约了材料又缩短了耗费的时间。印后加工阶段,可以调用印前阶段已经产生的折手、裁切等信息,进行折页机、裁切机、装订机的预调,使各种设备迅速进入工作状态,进行印后加工生产,最终获得印刷成品。

因此,数字化工作流程就是要将人眼所看到的信息以数据方式压缩到印刷空间,通过计算机来控制这些数据,达到对印刷过程的控制,从而做到准确可靠、生产工艺高度集成,使印刷过程中的失误降低到最低,最大限度地减少浪费,从而提高生产效率。

2. CIP3

由印前过程生成的各种生产控制数据要能被后工序的各个步骤接收、识别,并应用到印刷及印后生产当中去,这就必须建立一种与设备无关的印刷生产文件格式。这种文件格式最初由 CIP3 组织提出。

在 20 世纪 90 年代初,由德国海德堡公司发起,数十家印刷企业联合成立了致力于实现印前、印刷、印后整个工艺流程进行综合计算机控制的国际性合作组织 CIP3(International Cooperation for Integration of Prepress,Press and Postpress,印前、印刷、印后集成的国际合作),该组织的主要目的是研究制定一些标准格式,以数据化工艺流程的概念提高印品的质量、降低成本、提高生产效率,致力于发展与促进印前、印刷、印后加工的垂直整合。其发展目标是建立一套涉及印前、印刷到印后整个过程的自动化、系统的印刷流程标准,该标准的任务是将各种技术的提供者联系起来,从而形成一种新的格式,即印刷生产格式（Print Production Format，PPF），这种格式的特点就是印前过程生成的各种数据要能被后续工序的各个步骤接收、翻译，以便将这些控制数据应用到印刷及印后生产当中去，形成印刷工作流程，减少重复的数据输入，提供墨键预设功能，节省时间，稳定和保证印刷产品质量。

印刷生产格式 PPF 用 PostScript 语言写成，它所包含的信息主要有以下几种。

（1）管理信息：是针对本项印刷任务的各种管理信息，包括每个印张构成（双面、单面）、晒版印刷的网点传递特性曲线、折页方式和数据、计算墨区控制数据用的四色低分辨率图像、裁切数据、套准规矩的位置及印刷控制条各测量块的密度和色度数据、允许的密度差、色差等。

（2）印后加工信息：主要包括印后加工的方式，如精平装、配页、折页、订书、上胶、附页粘贴、三面裁切等，以及各种对应的数据。

（3）私有数据：包括各生产厂家的一些专属信息。

在数字化工作流程中，印前阶段可以将印刷、印后所需的多种信息采集并存储在 PPF 文件当中，并传递到相应的印刷设备和印后加工设备上。印刷和印后设备利用 PPF 提供的生产控制信息，快速进入正常的工作状态，生产出合格的印刷成品。CIP3 基本实现了印前、印刷、印后的工艺控制，如图 8-1 和图 8-2 所示为 CIP3 对印前和印刷工艺的控制流程。

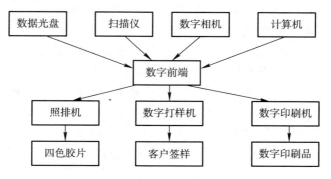

**图 8-1　CIP3 的印前控制**

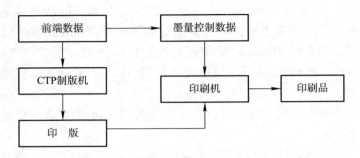

**图 8-2　CIP3 的印刷控制**

虽然 CIP3 的 PPF 规范促进了印前、印刷、印后加工的垂直整合，但仍存在一些局限性：它还不能满足真正完全的数字化生产流程控制，PPF 文件只包含各加工过程的加工数据信息，但无法向前工序反馈加工结果的信息；它还不能替代管理信息系统（MIS）所应发挥的效能；它也无法参与涉及客户的电子商务、电子数据交换等方面的信息交流。

3. CIP4

基于 CIP3 的工作，为能更广泛地适应印刷出版、电子商务自动化和计算机集成制造等方面的需求，更明确地将"集成"的范围扩大到印前、印刷和印后的各个过程，CIP3 组织与 JDF 组织（Job Definition Format）联合组成 CIP4 联盟（International Cooperation for Integration of Processes in Prepress，Press and Postpress），由原有的 CIP3 规范和 JDF 规范组成 CIP4 规范。

JDF 与 CIP3 合并后，JDF 联盟在考虑了 CIP3 联盟在对印前、印刷和印后加工的垂直集成基础上，实现这三个工艺过程的水平集成，并尝试将生产过程与因特网相结合，以使整个印刷生产过程具有更高的集成度。通过 JDF 定义的各种部件可建立有效的数字工作流程。它对作业的定义包括工艺过程资料、资源、用于沟通工艺过程的信息以及网络环境，其中工艺过程定义为能够由设备、器材（包括原材料）执行生产的工作链，而同一个工艺过程则可以通过不同的途径实现；组成工艺过程的工作链由各生产环节组成，通过特定的手段可以组合和连接；对每一个工艺过程而言，可以采用多重工作链的组合。

### 8.1.3 PDF 工作流程

1. PDF 标准

PDF 是 Portable Document Format 的缩写，即"可携带的文件格式"。PDF 是在 PS 的基础上发展起来的一种文件格式，沿用了 PS 的页面描述方式，可以很好地保证屏幕浏览与打印版式的一致性，并能独立于各软件、硬件及操作系统之上，便于用户交换文件与浏览。PDF 不仅用在印前领域，在电子出版中也有广泛应用，即是一种能满足纸张媒体和电子媒体出版要求的电子文件格式，它已成为可进行电子传输并在远距离阅读或打印的排版文件标准。

PDF 文件包括 PDF 文档和支持它的数据两部分，它可以包含单个页面或多个页面，每个页面既可包含矢量图形，也可包含点阵图像和文本，并且可以进行链接和超文本链接。它可以通过 Acrobat Reader 软件进行阅读。

2. PDF 工作流程

PDF 数字化工作流程如图 8-3 所示，客户提供图文原稿、版式和制作要求。印刷单位接收数字化的信息后，进行图文信息的数字化处理过程，文字的输入、图像的扫描输入、图形制作，按照客户的要求，以数字化的方式处理图文信息，并编排版面，再把形成的多个页面拼成印刷整版，通过"扫描"功能生成描述 PostScript 或 PDF 信息。经过 RIP 解释处理后，输出分色片或者直接输出印版或样张。

当客户同意正式付印后，开始批量印刷。印刷时，可以通过专门的印版扫描设备扫描印版，得到印版的墨量统计信息，以便印刷机获得正确的油墨量控制，或者操作人员根据自己的经验来调节控制印刷机各墨区的油墨量。印刷完成后，经过折页、裁切、装订等印后加工步骤，获得印刷成品。

在 PDF 数字化工作流程中，虽然图文信息是数字化的，而且在印刷过程中油墨控制也是数字化的，但是生产的控制信息依然是零散的，即印前、印刷、印后各过程的联系不十分紧密。

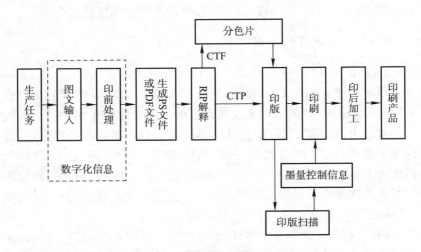

图 8-3　PDF 数字化工作流程

### 8.1.4　JDF 工作流程

JDF 是在 2000 年 1 月，由 Adobe、Agfa、Heidelberg、ManRoland 四家公司联合发起的另一个联盟，并以此制定出新的格式。他们着眼于印刷过程中各环节的资料和财务、会计、管理信息系统（Management Information System，MIS）的信息整合，以实现印刷全流程中电脑集成管理（Computer Integrated Management，CIM），如图 8-4 所示。

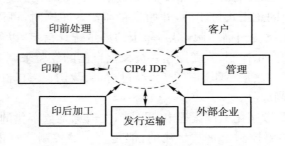

图 8-4　JDF 的信息控制

1. JDF 规范

JDF 包括的规范内容主要有 Processes 制程资料、Resources 可用资源、Message 沟通信息以及 Network 网路化环境四个部分。制程（Processes）就是可由设备、器材执行生产的工作链。同一制程，可以有不同途径，可以有联结组合的生产节点，可以是多重工作链的组合。

（1）Nodes 生产节点。是对产品或制程的描述。它可以包含子节点；可以运用、修改、制造资源；可以将 Job 分开或合并处理；必须在前一节点完成后，下一节点才会执行，如图 8-5 所示。

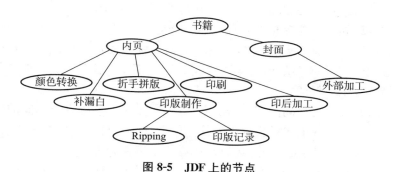

**图 8-5　JDF 上的节点**

（2）Resources 可用资源。是被制程所运用的资源。它可以是数字或文件资料，也可以是实际的事物，如生产机具、原物料、档案、人力资源等。

（3）Audit Objects 监控、检查物件。用于检查生产计划与实际进度，同时提供修正功能。

（4）客户资料。提供与经营相关的资料和客户基本资料。

（5）查询及反馈系统。查询并反馈计划执行情况。

（6）动态资料。与生产机具相关的资讯，包括生产的进度与状态等。它是一种日程资讯，以数据传递方式进行，以保证生产过程的质量稳定。

2. JDF 的特点

（1）JDF 能够描述一个印刷作业从最初构思到最终成品交付的全过程，包括创意、印前、印刷、印后、交付等各个环节。

（2）JDF 定义了完备的通信机制，能够在生产流程与管理信息系统（MIS）之间建立沟通的桥梁，可以实现作业和设备的实时监控、对印刷作业的估价和核算、对物料库存的管理、统计各种报表等。

（3）JDF 能够定义与具体印刷操作无关的印刷产品，也能够同时定义与印刷操作相关的活件参数。

（4）JDF 支持各种系统，能够定义任何流程模型，包括串行、并行、重叠、迭代以及这些过程的任意组合或者任意分布。

（5）JDF 兼容各种格式，它是一个厂商独立的标准，受 CIP4 的控制，同时也是一个公开的标准。JDF 与 PPF（印刷生产格式）和 Adobe 的 PJTF（可携带标签格式）可以相互兼容。

（6）JDF 适合不同的解决方案，并具有强大的可扩展性。JDF 拥有强大的树形信息结构，且编码方式基于 XML，为 JDF 的灵活性和可扩展性提供了保证。

（7）JDF 可提高生产的透明度，可以使操作者了解每个不同的生产环节中所使用的各种材料以及使用量。JDF 支持动态的数据交换，包括相关设备信息、作业进展以及作业等候管理的信息。

（8）JDF 是一种应用广泛的工业标准，适用于任何印刷厂商，所有制造商、销售商和印刷厂都可以开发使用基于 JDF 的工作流程系统。

3. JDF 流程

JDF 集成化的数字化工作流程如图 8-6 所示。客户提供图文原稿、版式和制作要求，印刷单位接收任务以后，根据印刷产品的基本特点和客户要求，确定适宜的工艺路线和印刷、印后加工设备。

印前处理阶段的进行与 PDF 工艺大致相同，整版拼大版后，有关印刷品折手、裁切装订、套准线等信息已经确定下来，这些信息将直接用于印后设备调控时使用，经过 RIP 解释处理后，得到每一张印版的记录信息。除了用于在胶片和印版上记录外，还可以统计印刷机各油墨区的基础数据，而省去了印版扫描的步骤。

印后加工的数据在印前处理过程中确定，只需将相关数据输入相应的印后设备的控制系统中，预调的过程将大大地缩短，使印后设备

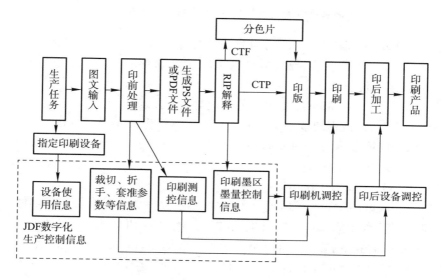

**图 8-6 JDF 数字化工作流程**

很快地进入工作状态,得到最终的成品。

由此可见,JDF 格式文件除包含 PPF 文件中所含有的信息以外,还加入了制程(Processes)信息、管理信息(MIS)和远程遥控的信息,使生产过程有序,信息管理和回馈自动完成,实现远程控制。从而保证印前、印刷和印后真正做到数码流程一体化,也使整个印刷工作管理更加科学化。

## 8.2 数字化工作流程系统及应用

目前市场上流行的几种典型的数字化流程系统有 Agfa Apogee PDF、克里奥印能捷、方正畅流、网屏汇智、海德堡满天星等。他们的共同特点是:都采用国际标准 PDF 作为内部格式(Trueflow 采用 PS 格式),都有预飞检查、陷印处理、分色、加网、折手拼大版等功能,都支持 OPI 技术,都具有数码打样功能,色彩管理能力则各有优势。

### 8.2.1　Agfa Apogee PDF 工作流程

Agfa 公司所推出的数字化印刷工作流程解决方案——基于 PDF 的 Apogee 工作流程,已发展到与 JDF 完全兼容的 Agfa Apogee Series3 第三代版本。

1. Apogee PDF 工作流程的构成与核心技术

Apogee 流程的核心组件包括:PDF 文件生成工具 Apogee Create、操作核心 Apogee Pilot、PDF RIP、高效的输出管理工具 Apogee PrintDrive。

(1) Apogee Create

Apogee Create 是 PDF 文件生成工具,是专为设计者提供的功能强大的桌面出版软件。它可生成独立并优化的 PDF 文件,准确再现设计者的精心创意。Create 是基于 Adobe Extreme 技术的设计软件,可很容易将 PageMaker,QuarkXPress 等文件转换为 PDF 文件,并通过预检技术,使生成的 PDF 文件完全满足高档印刷品的要求。

Apogee Create 还包括工作单编辑器,设计者可生成标准电子工作单文件(PJTF)保存工单信息,便于后工序处理。工作单嵌入 PDF 文件中,成为不同工序间与客户沟通的桥梁。它提供的 Create 软件使得印刷客户、设计者和印刷者之间只需单一文件(内嵌电子工作单的 PDF 文件)即可传递全部信息。

Apogee Create 免除了耗时的预检工作,因为设计者可以根据印前工序的要求,预先设定预检文件,生成 PDF 文件时会按预检文件逐项检查,使 PDF 文件完全符合要求。

Apogee Create 的主要功能有:生成标准 PDF 文件;处理专色、Colorized TIFF 等;基于 Enfocus PitStop 技术的预检功能;生成电子工作单文件(PJTF);直接输入预检文件、PDF 文件和电子工作单文件等。

(2) Apogee Pilot

Apogee Pilot 是 Apogee PDF 流程中功能强大的操作核心。Apogee Pilot 的特别设计强化了 Normalizer 的功能,使之在处理专色、

Pantone 色、图案、Colorized TIFF 及多色调图像时更为准确、方便，可将几乎所有桌面出版软件生成的文件转换为 PDF 文件。

Apogee Pilot 与 Apogee Create 完全兼容，可直接处理 Create 生成的 PDF 文件。基于 Enfocus Pitstop 技术的预检和编辑功能，可以修改 PDF 文件，设定 PDF 文件的生成条件，使 PDF 文件完全满足印刷需要，提高处理效率。

Apogee Pilot 的主要功能有：可以生成可靠的 PDF 文件；本地或异地工作单编辑；可从 Apogee Create 导入电子工作单；利用电子工作单描述处理过程；利用电子工作单完成处理工作；重新生成 PDF 文件和工作单文件；集成预检、自动编辑、拼大版模块；本地和异地 OPI 图像替换；专色处理，可以专色输出、转换为四色输出或不输出；以拖放方式组织页面；可选输出折手和色版；支持 PDF 1.3；使用 PitStop 4.0生成的预检文件监视 PDF 文件的生成，并作自动修改；可实现 RIP 后版面中的页面替换和修改等。

（3）Apogee PDF RIP

Apogee PDF RIP 是 Apogee 流程实现高效生产的保证，它采用实时方式处理输出文件，由于处理速度和数据交换速度的提高，Apogee PDF RIP 的整体性能非常出色。在 Apogee 工作流程中，可以采用多 RIP 方案，多个 RIP 通过网络连接，可以使整个流程的效率大幅度提高。Apogee PDF RIP 支持 RIP 内陷印，可自动进行陷印处理。PDF RIP 还具有网点预视功能，通过 Preview Pilot 可在本机或异地进行网点预视，观察"数码胶片"，检查陷印、折手、套印等设定是否正确。另外，Apogee PDF RIP 支持多种加网方式，例如爱克发平衡网和爱克发水晶网（调频网），还支持 ICC 色彩管理预置文件。内置的 ColorTune 管理彩色模块和 ICC 色彩管理预置文件可保证数码打样的颜色准确再现。

Apogee PDF RIP 的主要功能有：基于 Adobe PostScript3 技术；可处理 PDF 文件；实现异地监控；具有 RIP 内陷印功能；多种加网方式选择；支持 ICC 彩色描述文件；支持 PDF 1.3 文件输入；使 RIP 处理和陷印速度大大提高等。

（4）Apogee PrintDrive

Apogee PrintDrive 是 Apogee PDF 流程的输出管理工具。Apogee PDF 流程可以把网点复制文件、DCS 文件和 TIFF 文件直接输入到 PrintDrive 输出，不经 RIP 处理，大大提高流程工作效率。Apogee PDF 流程还具有 RIP 后拼大版（PAW）功能，可在 PrintDrive 中收集 RIP 后的单个页面，拼合成完整版面输出。PrintDrive 还提供"最后一分钟修改"功能，可在输出前修改 RIP 处理后的页面。作为流程中的输出管理器，PrintDrive 储存所有页面，根据需要选择适当设备输出。

Apogee PrintDrive 的主要功能有：数码胶片管理；支持多 RIP 输入及多种输出装置（如照排机或直接制版机）；网点复制的 DCS2 文件可直接输入，不需经 RIP 处理；可对 RIP 处理后的单张页面组版输出（PAW）；支持版式打样，支持 Sherpa 43、52、64 等六色输出设备；数码修版；数码套版；网点预视；数码胶片备份和调用；支持非爱克发生产流程（Barco、Harlequin 等）；支持网络数据存储设备；InkDrive 选件，可生成 CIP3 文件等。

2. Apogee PDF 流程的特点

Apogee PDF 工作流程的优势在于把原稿数据准备和印刷机控制参数集成到印前处理环境中，从而实现工作流程的无缝连接。此流程的技术路线非常清晰，即在设计过程中创建 PDF 文件，编辑电子工作单，并对文件进行规范化、专色、陷印、拼大版和 RIP 输出等处理。

（1）Apogee PDF 工作流程的灵活性和通用性

PDF 文件格式具有完整、独立、开放和灵活等特点。Apogee 是真正基于 PDF 文件的流程，生成真正的 PDF 文件，充分发挥其开放式文件的特点，同一文件可在多种输出设备上输出，例如直接制版机、打样设备或电子出版等。在 Apogee 流程中，还可以实现同一个 PDF 文件用 C、M、Y、K 四色输出，或用专色输出，而不需要重新生成 PDF 文件。

（2）Apogee PDF 工作流程的开放性

Apogee 流程采用开放式设计，与现有的设计、印前、印刷、以至印后的硬件软件均可搭配，运转流畅。Apogee Create 生成与设备无关的 PDF 文件,与第三方厂家的 RIP 和输出设备完全兼容。采用 Apogee 流程,可以根据实际情况灵活配置各种硬件和软件。

(3) Apogee PDF 工作流程的完整性

Apogee 工作流程采用标准 PDF 格式,使沟通更为准确、方便,其处理过程并不仅仅局限在印前方面,它实现了将设计、印前处理、印刷及与客户沟通相结合,统一管理。Apogee 流程消除了设备及软件之间的障碍,使每一个工序都最大限度地发挥作用。

### 8.2.2　印能捷(Prinergy)工作流程

印能捷是一个完全的 PDF 工作流程管理系统。印能捷系列包括:印能捷 Connect(商业印刷、出版印刷流程),印能捷 Direct(远程流程控制),印能捷 Newsun(报业流程),印能捷 Powerpack(包装印刷流程)和印能捷 Publish(出版印刷流程)。下面主要介绍适于商业印刷、包装印刷的印能捷 Connect。

1. 印能捷 Connect 工作流程的构成及核心技术

印能捷 Connect 以 Adobe Extrem、PDF 及工作传票格式(JDF)为基础,通过工作流程处理计划和工作传票处理器就可高速自动完成页面预检查、PDF 规范化处理、色彩管理、陷印、真彩色打样、拼大版、版式打样、胶片或印版输出和档案管理的任务。Adobe Extreme 的结构体系主要由工作传票(JT)、工作传票处理器(JTP)、协调器(Extreme Co-ordinator)组成。

(1) 工作传票(Job Ticket)

它包括处理某一过程所有的信息和指令。因为单页的 PDF 文件本身不携带生产参数,所以需要把工作传票并入单页的 PDF 文件来传递处理指令。一个工作传票可以被多个 PDF 文件重复使用,一个单页的 PDF 文件也可以根据输出的需要合并不同的工作传票。

(2) 工作传票处理器(Job Ticket Process)

它是内嵌在 Adobe EXtreme 中的软件,能够解释工作传票携带的信息,然后执行特定的任务,如标准化、陷印、色彩管理和页面打样等。最后它向协调器传递信息,以确认完成的任务,并把记录重新写入工作传票。下面是几种主要的处理器。

① 规范化处理器:规范化处理的目的是将输入文件转化为页面独立的 PDF 文件,能进行一系列页面预检,以监控源文件,可直接接受 PDF 和 PostScript 文件,CT/LW 或 TIFF/IT 文件可通过 CEPS-Link 转化输入。

② 色彩转换处理器:它的工作原理基于 LinoColor 颜色匹配方式。可以通过 ICC Profile 文件直接将传过来的文件转换到输出设备的色域空间,还可自动将源文件里的专色转换成四色。

③ 陷印处理器:它基于 Heidelberg Davinci 工作站开发的基本陷印引擎。文件一经转成单个的 PDF 页面,就立刻进行陷印处理。操作员还可对每页单独进行交互式陷印处理或通过陷印编辑器交互式调整已经自动陷印的页面。

④ 低分辨率的 RIP 和页面装配处理器:页面装配处理器根据拼版工作站传来的拼版工作传票排放页面,低分辨率的 RIP 对文件进行解释用于打样。

⑤ 高分辨率的 RIP 和页面装配处理器:页面装配处理器根据拼版工作站传来的拼版工作传票排放页面,高分辨率的 RIP 对文件进行解释用于最终输出。

⑥ 归档处理器:用于在流程中的任一时刻安全地存储全部或部分活件,以备继续使用。

⑦ 净化处理器:用于在删除活件的同时在存储器上记录活件的路径,这样既可以最优化地利用存储空间,又便于恢复文档。

⑧ 恢复处理器:用于把存储的活件恢复到系统中。

(3) 协调器(Extreme Co-ordinator)

协调器主要在各个工作传票处理器(JTP)之间起协调作用。

2. 印能捷 Connect 系统的工作过程

印能捷 Connect 的整个工作过程如图 8-7 所示。

(1) 精化处理

精化处理过程的目标是将印前数据转化为可输出的 PDF 文件,然后存入数据库等待组版或输出指令进行管理。精化处理由精化处

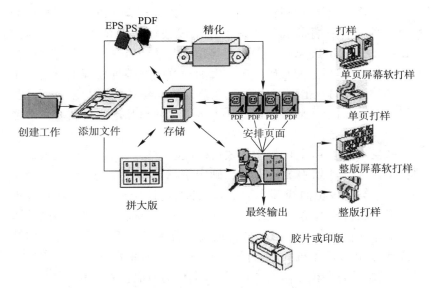

图 8-7　印能捷 Connect 系统的工作过程

理器完成,精化处理器就是一个多功能工作传票处理组。通过工作流程计划、预检查、规范化、创建预视图、字体嵌入、陷印、色彩管理、专色处理这些功能,根据需要合理编辑组合,然后一次完成。

印能捷不仅能做模拟印刷效果的页面或版式软打样,还能直接将传过来的文件立即转换到输出设备或印刷机的色彩空间。如果需要,印能捷还能自动将源文件里的专色转换成四色。自动陷印基于 Da-Vinci 算法,它包含一个工作传票,当文件转成单个的 PDF 页面时,就立刻进行陷印处理,而且操作员还可对每页单独进行交互式陷印处理或通过陷印编辑器调整已经自动陷印的页面,陷印效果可以直接在屏幕上预览。这些处理完成后即可生成页面独立且包含图像、字体、陷印的 PDF 文件,并生成直观的小预览图。用 VPS 可以生成屏幕虚拟打样效果,再通过色彩管理将 PDF 页面输出到各种彩色打印机上进行彩色打样。

(2)输出

印能捷 Connect 系统的输出包括打样输出和最终输出。

打样输出包括屏幕打样和数字打样，数字打样又包括单页打样和整版打样。由前端拼版工作站可以生成描述版面位置的工作传票（Imposition Job Ticket）。操作者首先在内置界面选择一个特定的拼版工作传票，然后按照页码顺序把页面预览图拖拽到模版上就完成了页面排放。此时双击页面预览图，可在 Acrobat 软件中对该页面进行编辑，这种实时拼大版使印前操作人员能灵活自如地应付其客户多变的需求。

一旦指定了 PDF 的拼版模式，就可选择打样方式，并可以根据需要在工作流程计划中灵活设置。确定了与设备相关分辨率、版面布局、色彩模式、校正曲线等参数后，活件被送往低分辨率的 RIP 处理器。屏幕软打样就是在本机或异地进行网点预视，观察"数字胶片"，检查陷印、折手、套印等设定是否正确。数字打样系统可以是任何数字方式输出的打印机，一般由彩色喷墨打印机或彩色激光打印机组成，通过彩色打印模拟印刷颜色，用数据化的原稿得到校验样张。

经打样校对后，对拼版后的文件进行输出时，要确定输出设备的设置参数，这些参数包括设备选择、网点增大补偿曲线设置、分辨率、加网方式。加网选项由 Prinergy Renderer 支持，包括 Heidelberg 的 HQS 和 Rational Tangent 加网方式。然后整版 PDF 页面就被送往高分辨率的 RIP 处理器。经过该处理器加网后的文件就可以送到某一高分辨率的输出设备上进行输出。

印能捷可以生成 CIP3/PPF 文件。用 PPF 文件对印刷机进行油墨预设，对裁切机和折页机做自动调整，所以印能捷 Connect 用数字化的生产控制信息把印前、印刷、印后整个过程联系起来，使得印刷生产更加顺畅、优质、高效，可以大大提高生产效率。

（3）存储管理

印能捷 Connect 使用存储处理器、净化处理器、恢复处理器完成对活件的控制和管理。

3. 印能捷工作流程的特点

（1）高度自动化

印能捷的独特性在于其结构的高度自动化，生产参数储存在工作传票中,只需编好一个工作流程处理计划,通过鼠标即可自动完成全部操作。

（2）开放式结构

印能捷可接受多种文件格式,如 PDF、PS、EPS、DCS、TIFF-IT、CT-LW 和 Copydot 等。它首先将各种格式的输入文件进行 PDF 优化处理,并自动进行页面检查以确保源文件的存在,检查高分辨率图像并嵌入字体,最后生成页面独立的 PDF 文件。

（3）色彩管理

印能捷进行色彩管理时,将 PDF 文件按照各种输出设备的 ICC 特性转换到其对应的色彩空间,确保原稿、屏幕显示、数字打样与印刷效果完全一致。它包含 Pantone 色库,可进行四色到专色、专色到专色、专色到四色之间的色彩匹配。

（4）高速自动陷印

印能捷具有高速自动高质量陷印功能,一分钟就可处理上千个陷印工作,彻底解决包装印刷中的漏白问题,还可自己设定陷印参数进行手工陷印,陷印效果可以直接在屏幕上预视。

（5）实时拼大版

对于书刊杂志印刷,通过 Preps 或海德堡 Signastation 拼大版软件,可以根据各种折页装订方式生成不同版式的拼大版工作传票。对于包装印刷,通过包装版拼大版模块生成包装大版,连晒时可以进行咬合排列,设计出血并加上其他控制信号,然后将拼大版工作传票存储在印能捷中,直到输出时才实时将单个的 PDF 页面拼在一起。

（6）客户/服务器体系结构

印能捷采用客户/服务器体系结构,软件采用分布式处理。印能捷主软件运行在服务器上,操作员可在苹果电脑或 PC 上自由操作用 Java 语言编写的印能捷客户端软件,几个操作员可同时对一个作业进行并行处理,可大大提高生产效率。

（7）Oracle 数据库带来严密的生产管理

印能捷内置功能强大的 Oracle 数据库,具有杰出的记忆功能,可以连续不断地监测和记录生产流程中每一个作业的每一步处理,并提供详尽的工作状态及错误信息显示。通过客户端软件,印前生产主管、销售代表直到上级管理层都可实时了解生产进度,让印前生产更加透明有序、管理更加严密规范。

(8) Insite 因特网入口连接远程客户

印能捷可以配置 Insite 选项,一个进入印能捷印前环境的因特网入口。印刷厂可以给客户任意设定访问权限,客户只要有一台能上网的电脑,就可访问印能捷主服务器,实时追踪他的作业进程,预视已做好的文件,提交批注及修改意见,下载文件并进行真彩色打样,认可或拒绝作业,同时所有这些操作都会被详细记录下来以备查找,省去来回给客户寄校样的烦琐过程,加快修改和确认的进程,提供印刷厂商与其客户的实时在线交流,更好地满足其个性化的需求。

### 8.2.3  方正畅流(ElecRoc)工作流程管理系统

方正畅流工作流程管理系统由北大方正公司开发推出。作为CIP4 组织的成员,北大方正在 ElecRoc 系统中采用国际标准的 PDF作为流程内部格式,采用 JDF 规范作为电子工作传票在整个流程中传递作业参数,对作业进行规范化处理、预飞检查、陷印、色彩管理、屏幕预览、折手拼版、数码打样、数码印刷输出、胶片或印版输出、CIP4 油墨控制输出、作业管理追踪、数据统计存档等处理,从而减少传统生产流程中的操作冗余和错误,进一步完善业务管理,确保达到最高的生产效率。

1. 方正畅流工作流程管理系统的构成与核心技术

方正畅流工作流程管理系统总体上由服务器端与客户端组成,其中服务器端基于 XML 数据库,客户端基于 IE 浏览器。主要功能部件包括:调度器、数据库、规范化器、预飞处理、屏幕预览、陷印、激光打印输出、折手拼版、版式打样输出、数码打样输出、CTF/CTP 输出、CIP4油墨控制输出、作业管理统计等。

方正 ElecRoc 流程软件基于以下四项主要技术:JDF、XML 数据库、PDF 和 Internet。其中 JDF、XML 数据库、PDF 都有开放的标准,可以选择不同的产品支持它们,Internet 则拓展了运行环境。在整个生产流程系统中,购买者、销售人员、调度、每道工序的操作员、会计、管理者、发货人员等都在 Internet 上通过 JDF 互相沟通。

ElecRoc 流程中的功能部件能在 Internet 或连在 Internet 上的任何一台机器上运行。每一台机器都能解释 JDF 并各取所需。在 ElecRoc 的架构中包括一个控制中心,它解析 JDF 中对流程的描述,并将 JDF 文档传递给必要的处理部件。控制中心是基于数据库的,数据库的主要功能是分析 JDF 携带的作业的处理信息,并调度处理部件进行相应的处理,以完成某一特定的作业。JDF 的灵活性使得 ElecRoc 既能处理分布式的信息,也能处理一体式的情况。也就是说当两个处理部件需要从一个处理部件调用同一个结果时,控制中心可以把 JDF 文件拆分为两个,传送至两个特定的处理部件。当一个处理部件需要从两个不同的处理部件中调用结果时,控制中心也可以将这两个 JDF 结果合并为一个,并将其传送至该处理部件。

2. 方正畅流工作流程管理系统的特点

(1) 功能完善的 JDF 工作流程

方正畅流采用 JDF 作为电子工作传票,其中涵盖了内容制作、印前、印中、印后、发布等印刷产品整个流程的所有的连续的控制信息,真正实现了印刷作业的高效顺畅、自动化、可管理的生产流程,并将生产流程和管理信息系统连接起来。

(2) PDF 工作流程

方正畅流全面兼容 PS 等标准格式和方正的各种排版格式,采用 PDF 作为流程的内部标准文件,具有内嵌图文、可靠、开放、高压缩、可预览、适合网络传输、页面独立、可编辑等特点。

(3) 完善全面的中西文字库解决方案

方正畅流加强了中西文 Truetype、Type1、CID 字库的嵌入功能,可以很好地支持内嵌于 PDF 文件中的中文 CID 字体。

(4) 基于互联网,支持实现远程作业提交和输出管理

方正畅流运用了先进的互联网技术,基于 Internet 的开放架构和浏览器的界面可以在任何平台和任何互联网终端进行操作,使作业可以顺利进行远程提交、远程打样、远程管理,用户可以利用畅流的远程

系统模块搭建自己的网络业务平台,为实现远程输出和网络在线业务打下坚实的基础。

(5) 基于数据库的作业管理、审核、统计

方正畅流采用具有功能强大的 XML 数据库,其大大加强了网络化的业务追踪和数据统计能力,并能把相关的数据导出给印刷企业的 MIS 或 ERP 系统,把企业的生产流程和管理流程自动联系起来,可根据用户自定义的电子工单对作业进行查询、追踪、审核,实现全数字化管理,降低运营成本。

(6) 兼容最广泛的 CTP、CTF 设备、数码打样设备以及最新的数码印刷设备

方正畅流不仅可以通过方正的 TDL(TIFF Downloader)接口连接几乎所有厂家和型号的照排机和直接制版机,还可以利用第三方的 TDL 支持最新的 CTP 设备,同时支持 Epson、HP 全系列的数码打样设备和施乐、Indigo 等的全系列数码印刷设备。

(7) 界面设计遵循用户操作习惯

方正畅流在 IE 浏览器上操作和管理,采用全中文作业流程的设置、操作,非常适合国内用户的习惯,易学易用。

(8) 使用账号管理,保障系统安全

方正畅流使用账号对操作者进行管理,操作者根据权限的不同执行不同的操作,数据库实时记录监控各个账号所做的任一项操作,从而确保了系统的安全性。

(9) 本地化、个性化解决方案和支持服务

方正畅流具备完善的中文本地化、个性化解决方案,可以满足客户个性化开发和支持的需求。

### 8.2.4 网屏的 Trueflow 工作流程

由大日本网屏公司推出的 Trueflow 工作流程是在网络浏览器上使用的 PDF 工作流程管理系统,兼容 PC 和 Mac 平台,能从原稿网点扫描、印前处理、色彩管理、数码打样到直接制版的一体化过程中实现完全数码化。

1. Trueflow 工作流程的构成及核心技术

Trueflow 可通过 Internet 联网,实现远距离操控。采用 Adobe PS3 解释器,有效地处理 PDF 文件格式。采用工作传票控制自动预检、OPI、陷印、拼版和打样输出等印前工作,大大地提高生产效率。以 PDF 为核心的 RIP 数据处理可以直接解释 PDF 和 PS3,In-RIP 功能支持 CTF 和 CTP 数据流程处理。工作传票、拼大版版面和热文件夹的设置可使数据流程实现多功能、自动化的处理。

Trueflow 工作流程有两种配置可供选择:汇智和汇智宝。通过增加一些软件选项,汇智可升级成汇智宝,使系统适应特定工作的需要,用户可根据 CTF 或 CTP 设备来选择最合理的配置。此外,Trueflow 工作流程提供以下几种插件,以满足不同层次的用户。

ImposeEditor:是以标准拼大版版面为基础的拼大版程序。

PlateEditor:可以更改印版尺寸和附件,增加 CTP 流程的灵活性并提高生产效率。

FlatWorker3.0:把不同文件拼合在同一张印版上,以及调整网点增大率和每个色版的 $x$、$y$ 轴位置。

2. Trueflow 工作流程的特点

(1) 以网络浏览器为界面

Trueflow 利用网络浏览器为界面,随时进行远近距离操控,PC 或 Mac 平台皆宜,实现从原稿、网点扫描、印前处理、色彩管理、数码彩色打样至最后电脑输出到直接制版机的完全数码化。

(2) 采用工作传票和热文件夹,有效管理多个文件

Trueflow 使用拼大版工作传票可以进行文件预飞、陷印以及拼版等功能。然后,集合这些工作传票建立单个任务,或建立热文件夹自动分配任务,这种自动化处理可节省时间和减少工作量,避免错误,增加连贯性。只要将 PDF 和 PS3 文件分配给热文件夹,预飞工作将自动执行。

(3) 支持多种文件格式

Trueflow 工作流程支持多种文件格式,能接收和输出印刷业内主要的标准文件格式,如 PDF、PS3、TIFF 和 EPS,也能接收 RIPed PS、

RIPed PDF、RIPed EPS、PJTF 和 Copydot 文件。

（4）采用专有的陷印技术

网屏采用专有的陷印技术，通过中心扩大、Thickback 和降密度陷印选项，提供了更强的陷印能力。TrapEditor（可选项）提供了陷印设定的细节控制，可独立进行宽度和颜色设置处理。

（5）支持 ROOM 技术

Trueflow 工作流程支持 ROOM 功能，即文件只被 RIP 处理一次，就可以在多种设备上输出。一旦完成 RIP，同样的光栅数据可反复使用，输出尺寸、分辨率和输出设备都可改变，甚至可改变其中一页。

### 8.2.5　海德堡满天星工作流程

满天星（Meta Dimension）是海德堡公司为它的所有输出设备配备的一个模块化的、具有高度灵活性的实用型 PDF 数字化工作流程。

1. 满天星工作流程的构成与核心技术

满天星是基于工作传票的数字化工作流程，它采用模块化设计，具有 OPI、陷印、色彩管理、高级加网、组版、PPF 连通性及打样等功能，支持 PDF1.3 和 PostScript，其核心技术是加网技术和色彩管理技术。

作为 RIP 作业系统的重要组成部分，满天星流程软件提供多种加网方式，如无理加网系统、高质量加网系统、调频加网系统和线条加网技术等，可以增加印品的细节层次，避免产生传统的印刷梅花斑。满天星流程中集成了线形化管理器模块，用户可以根据印刷材料和印刷机特性来设置线形化数据和印刷网点增大数据。

满天星流程中还配备了海德堡全新的色彩校正管理系统，其主要目的是对印版进行线形化管理，并且根据印刷机特性调整 CTP 参数，以获得最佳的图像复制效果。

2. 满天星工作流程的特点

海德堡的 Meta Dimension 不仅具有文件小、管理容易、稳定性高及速度快等特点，而且具有非常强大的功能，它既可以解释 PDF 文件，也可以解释 PS 文件，它具有 PDF 文件预飞、陷印、数码打样、In-RIP 色彩管理和 OPI 等丰富的功能，也可以和海德堡的 SignaStation 拼大版软件结合输出多种版面文件。

此外，满天星流程软件的最大特色在于它的 RIP 功能十分强大。它的 InRIP 色彩管理采用海德堡 CMM 技术，基于 ICC 文件完成色彩转换。由于这些转换是以最后的印刷材料和印刷机特性为依据的，所以它对于支持数码打样中的色彩管理非常有效。满天星流程的 In-RIP 分色功能可以输出复合色文件，还可以进行陷印设置并预览最终结果，陷印参数可以通过工作传票进行存储和修正。

3. SignaStation 拼大版工作站

SignaStation 是工作流程管理中功能强大的组版工具，可作为一个选件与满天星工作流程进行集成。其主要功能有：能够处理 Post-Script、PDF 和德尔塔列表；输出 PostScript 和 PDF 格式的整个版面；生成活件描述格式（JDF）的模板和书帖；传送来自 Prinance 的数据；与支持文本和图形显示的书帖浏览器集成；生成骑马订书机的预置数据；同时显示两个层，生成不同的版本；在一个活件中组拼颜色可高达 32 色；与最新解释器的集成实现理想的可视监控；生成分离工作流程的彩色预视；组版窗口的背景可以彩色化，以便显示透明背景；生成彩色色标和彩色条的内置编辑器；输出样张以便检查各个页面/重复页面的位置是否正确；在半版宽的照排机上输出两张"分开"的整版胶片；通过集中定义对裁切和折页标记进行直接定位；创建混合的整版版面；在一个印刷折帖上安排不同的版面；组版版式、折页版式和印刷标记的可扩展库；传递内容中包括数字印刷控制元素；用于 CTP 生产的定位金箔管理；为基于工作传票的工作流程生成工作传票；支持样例和特殊样例页面等。

4. SginaPack 包装印刷流程

SignaPack 是专为包装印刷设计的软件。利用 CAD 数据或者连晒模块可生成整版的包装印刷折帖，以创建基于模切压模的大版，并自始至终都能进行可视监控，满足包装印刷的特殊要求。SignaPack 能处理 PostScript、PDF 和德尔塔列表，并且可输出到任何 RIP 上，为基于工作传票的工作流程创建工作传票。它与 CIP3-PPF（印刷生产格式）完全兼容，能够为自动套准装置和裁切机生成 CIP3-PPF 数据。此外还具有以下功能：各个拷贝的套叠；将剪切轮廓作为一个独立的颜色层输出，以用于打样和胶片输出；允许灵活的手动拼版；剪切路径的确定；用于检查剪切路径的高分辨率预视；作业的自动计数；彩色控制条的确定及定位；彩色控制元素的定位；与 Prinergy Powerpack 相互作用，与数据库和存档功能相连通；大版管理等。

# 数字印刷质量检测与控制

随着数字印刷工艺与技术的发展,数字印刷不仅速度越来越快,而且印刷质量也越来越好。与传统印刷工艺一样,数字印刷品的质量在很大程度上受到数字印刷工艺过程的技术条件及各方面主客观因素的影响。由于到目前,还没有统一的数字印刷品的质量标准,所以本章仿照传统印刷品的质量标准,阐述对数字印刷质量检测与控制的基本手段和方法。

## 9.1 印刷品质量控制指标

印刷品的多重属性决定了在印刷过程中必须从多方面控制其质量,包括印刷品的外观质量、艺术再现性、图像质量等。这里仅从印刷的角度考虑印刷品的图像复制质量。

### 9.1.1 印刷品图像质量特征参数

1. 阶调再现性

任何一幅图像都有明暗深浅的变化,即阶调的变化,图像阶调变化的规律不同,所表现的图像内容也就不同,所以图像的阶调是图像的主要特征之一。在复制图像时,应力求准确地再现原稿图像的阶调,但由于原稿图像的阶调往往变化非常丰富(实际是连续变化的),而实际印刷中无法直接再现连续阶调的图像层次,以及在印刷过程中实际使用的油墨、承印材料、印刷方法等因素,都会影响到图像阶调再现的准确性,所以实际中应尽可能最佳地再现图像的阶调。

2. 色彩再现性

图像的颜色也是图像最基本特征之一。在图像复制工程中,对图像颜色的复制再现是最复杂的,同样受到印刷油墨、承印材料、印刷方法、工艺过程等各方面的影响,而且其可变因素更多,更难控制,但它对图像的整体再现也是最重要的,所以实际复制中也应尽可能最佳地再现图像的颜色。

3. 分辨率与清晰度

分辨率是印刷图像对原图像细部的分辨再现能力,或图像对原景物的分辨能力。清晰度是指图像细节的清晰程度,主要是影像边缘、线条边缘的清晰程度。印刷图像的分辨率主要取决于图像加网线数,但加网线数又受到承印材料和印刷方法的制约,所以不可能总使用最高的加网线数,也就是不可能总获得最高的分辨率,此外印刷套印的准确性也会影响图像的分辨率。分辨率也会在一定程度上影响图像的清晰度,当然清晰度还受到印刷工艺过程、材料、技术等因素的影响。

4. 外观特性

印刷图像的外观特性包括龟纹、杠子、颗粒性、水迹、墨斑等,这些都会影响图像外观的均匀性。在网点图像中,有些龟纹图形是正常的,但当网目角度发生偏差时,就会产生不好的龟纹图形,影响图像颗粒性的因素很多,纸张平滑度、印版的砂目粗细都与图像的颗粒性相关。从技术角度讲,除龟纹与颗粒图形之外,其他多数引起不均匀性的斑点与故障图形都可以消除。

5. 表面特性

印刷图像的表面特性包括光泽度、纹理和平整度。对光泽度的要求依据原稿性质与印刷图像的最终用途而定。一般来说,复制照相原稿时,使用高光泽的纸张效果较好。在实际印刷中有时需要使用亮油来增强主题图像的光泽。光泽程度高,会降低表面的光散射,从而增强色彩饱和度。然而,用高光泽的纸张来复制水彩画或铅笔画时,效果并不太好。使用非涂料纸或者无光涂料纸,却可以产生较好的复制效果。纸张的纹理会在某种程度上损坏图像,通常应避免使用有纹理的纸张复制照相原稿。但使用非涂料纸复制美术品时,纸张原有的纹理会使印刷品产生更接近于原稿的效果。

### 9.1.2 印刷图像阶调再现的控制

图像复制中阶调的复制最为人们所重视。彩色印刷品因各种印刷条件的制约,致使视感明度的变化局限在一个总小于原稿的亮度范围内,因此,在有限的亮度范围内如何使图像的阶调最理想的再现,始终是彩色印刷的一个难点。虽然运用图像处理软件可对图像进行阶调调节,但是由于印刷复制品的密度范围一般比原稿要小,所以在复制后必然会使原稿的阶调被大幅度地压缩。而彩色显示屏所显示的图像其亮度范围大,相应的阶调压缩量较小,不易被觉察。但当图像的阶调被限制在较小的反映原稿亮度变化的印刷密度范围内时,这种压缩的比例就会被放大,从而使彩色显示屏和印刷品再现图像所产生的视觉感受产生很大的差异。因此,图像阶调的调节绝不能仅仅依靠观察彩色显示屏的显示效果,而必须细致、充分地分析原稿阶调再现的重点以及原稿所表现的内容与主题,在此基础上对阶调进行校正。

1. 阶调校正

阶调校正实际上包含两个方面的含义:一是对原稿的阶调进行艺术加工,满足客户对阶调复制的主观要求,如对曝光不正确的摄影稿的阶调校正;二是补偿印刷工艺过程对阶调再现的影响。从原稿到印刷品,阶调的传递经历了一系列工艺过程,由于受到各种条件的限制,阶调的传递是非线性的,为了获得满意的阶调再现,必须对其进行补偿。阶调校正通常采取阶调压缩和调整的办法。阶调压缩就是使原稿的阶调范围适合于印刷条件下印品所能表现的阶调范围。

压缩曲线随印刷设备、印刷材料及原稿特性不同而不同。调整阶调就是针对千变万化的原稿对阶调曲线进行适当的调整,改变阶调曲线的形态,增大或降低图像中不同部位的反差和细节,以补偿图像复制过程的非线性变化,从而满足复制的要求。在图像处理软件 Photoshop 中,曲线的压缩和调整主要通过设定高光、暗调点和调整 Curve 曲线来实现。在小范围内也可通过调整亮度、对比度工具来实现。

## 2. 黑白场设置

由于在晒版印刷时小网点(1%~5%)会丢失,而大于95%的网点会变为实地,因此首先需要选择图像上的高光点(有层次细节的最亮点)和暗调点(有层次细节的最暗点),使之位于可印刷的范围内。高光、暗调工具用于高、暗调的定标,也称黑、白场定标。设置高光、暗调点能准确地将原稿的色调层次和细节表现出来。

正确设定高、暗调点是成功复制的关键因素。高光点直接影响着高调及中间调的色调层次,而人眼又恰恰对高调的亮度变化极为敏感。正确设置高光点可使原稿上中亮调层次得到很好的再现。另外,高光点的设置还必须使颜色复制达到中性灰平衡。暗调的设定原理与高光基本相同,所不同的是,我们往往通过肉眼确定图像的高光点,而要正确设定图像的暗调点却不那么方便,一般需借助一定的仪器来判断。正确设定暗调点,不仅能较好地反映图像的层次,且能达到纠正原稿色偏的效果。在 Photoshop 中设置黑白场的最好方法是使用高光和暗调滴管(Eyedropper)。具体方法是选择 Image/Adjust/Curves,双击高光 Eyedropper,得到 ColourPicker,在 CMYK 框中输入印刷品上能正确再现的网点值,然后点击图像上有层次细节的亮光点,将该点切换到可印刷的范围。用暗调滴管可完成暗调设定。

### 9.1.3 印刷图像颜色再现控制

对图像色彩的再现,很难真正做到完全还原原稿的色彩即达到同色谱的再现,而一般只能达到同色异谱的效果,或者在心理上达到相同的再现效果。在彩色复制中,无论要达到何种再现效果,通常都很难直接控制图像各种颜色的再现。

## 1. 颜色再现控制依据

根据麦克亚当的视觉宽容度实验,人眼对灰色较为敏感。如果灰色产生色偏,人眼极易辨别,因此一般在印刷中通过控制图像中的灰色,特别是中性灰色来达到控制图像整体颜色再现的效果,即通过灰平衡来控制图像颜色的再现。因为灰色的印刷再现是决定色彩复制能否准确再现的先决条件。原稿或原景物的中性灰色层次是否在印刷品画面上得到中性灰色的再现,或者制版所依据的三色灰平衡网点比例是否印后也达到了灰平衡再现,对三个原色版的制版网点比例和印刷墨层密度及网点增大数据的控制起决定作用。灰平衡再现,是衡量印刷画面整体色调与评价色彩的主要客观技术标准。从理论上来讲,如果两个颜色是互为补色,那么这两个颜色以适量的比例混合后,颜色将变为中性色,这就表明,当两个颜色互为补色时,它们的混合也有个平衡的问题。否则,也不会呈现中性灰色。不过不是三个原色的平衡,而是两个互补色在量上的平衡。其实,两个互补色以适量混合以后转化为中性灰色,是一切灰色平衡的基础,三原色的灰色平衡,也是采用颜色合成的办法最后把它们归结为互补色的平衡。

为叠印出中性灰色,青、品红、黄各色版之间所存在的基本墨量关系称为灰平衡,所以灰平衡指的是叠印中性灰所需的青、品红、黄各色的墨量,其中有墨量值偏高或偏低都会引起整个图像的色彩偏移。

2. 颜色控制

对图像颜色再现的控制一般以能产生中性灰的黄、品红、青三色分色片之间的关系作为基础。由分色片复制各种颜色时都要受这个灰平衡的限制,如果分色片的中性灰平衡掌握不好,图像看上去就不会好。但是,虽然灰平衡调节补偿了油墨颜色再现的缺陷,但由于诸多客观因素的影响,在实现灰平衡后,还应做颜色校正。颜色校正主要以密度彩色空间理论为基础,采用如下颜色校正方程实现。

$$
\begin{bmatrix} D'_C \\ D'_M \\ D'_Y \end{bmatrix} = \begin{bmatrix} A_{11} & A_{12} & A_{13} \\ A_{21} & A_{22} & A_{23} \\ A_{31} & A_{32} & A_{33} \end{bmatrix} \begin{bmatrix} D_C \\ D_M \\ D_Y \end{bmatrix} \tag{9-1}
$$

式中,$D'_C$、$D'_M$、$D'_Y$ 为校正后青、品红、黄版的密度;$A_{11}$、$A_{12}$、$\cdots A_{33}$ 为校色系数,这些系数的确定由分色过程和印刷过程的色误差等因素决定;$D_C$、$D_M$、$D_Y$ 为未经校色的青、品红和黄版的密度。

### 9.1.4　印刷过程的质量控制

最佳的印刷是使印版上的网点尽可能忠实地传递到承印物上,并得到清晰的印迹,从而正确地再现原稿的阶调和色彩。在印刷过程中对印刷图像质量的控制主要通过控制印刷的墨层厚度、网点覆盖率、油墨叠印率以及印刷色序来实现。

### 1. 实地密度

印刷实地密度与墨层厚度有密切关系。在一定范围内,墨层厚度增加,实地密度会随之增加,但实地密度随着墨层厚度增加,并不是无限增大的,当墨层厚度增加到一定值时,再继续增加墨层厚度,实地密度已达到最大,就不会再增大。最大实地密度又受到印刷方式、油墨和承印物的制约。

合适的实地密度或墨层厚度可得到较大的复制色域范围。为较好地再现色彩,我国印刷行业标准推荐精细和一般平版印刷品各色版暗调密度,如表 9-1 所示。

表 9-1　精细和一般平版印刷品各色版暗调密度

| 色别 | 精细印刷品实地密度 | 一般印刷品实地密度 |
| --- | --- | --- |
| 黄(Y) | 0.85～1.10 | 0.80～1.05 |
| 品红(M) | 1.25～1.50 | 1.15～1.40 |
| 青(C) | 1.30～1.55 | 1.25～1.50 |
| 黑(BK) | 1.40～1.70 | 1.20～1.50 |

### 2. 网点增大值

在印刷过程中,网点增大是不可避免的,也是正常现象,但是一定要控制在一定的范围内,否则将影响图像阶调和颜色的再现。同一印刷条件下,不同阶调处网点的增大是不一样的。我国印刷行业标准推荐精细平版印刷品 50％网点的增大值范围为 10％～20％,一般平版印刷品 50％网点的增大值范围为 10％～25％。

### 3. 相对反差

相对反差是控制图像阶调的重要参数,其计算方法为:

$$K = \frac{D_V - D_R}{D_V} \tag{9-2}$$

其中,$D_V$ 为实地密度,$D_R$ 为网点积分密度。

相对反差越大,说明网点密度与实地密度之比越小,网点增大也越小。我国印刷行业标准推荐精细和一般平版印刷品各色版的相对反差如表 9-2 所示。

表 9-2　精细和一般平版印刷品各色版的相对反差

| 色别 | 精细印刷品的 $K$ 值 | 一般印刷品的 $K$ 值 |
|---|---|---|
| 黄 | 0.25～0.35 | 0.20～0.30 |
| 品红、青、黑 | 0.35～0.45 | 0.30～0.40 |

4. 油墨叠印率

油墨叠印率的高低将直接影响图像色彩再现的效果。印版叠印率高,色彩能得到正确还原,叠印率低,则色彩还原再现的范围就会缩小,当油墨印在白纸上,或者叠印在已经印有油墨并且快要干燥的墨膜上时(干式叠印或湿叠干),或者两色、四色油墨湿压湿叠印时,其印刷质量均有不同。例如,将品红色油墨印到青色上,如果遮盖力是均匀的,并且色彩位于正确的坐标上,则认为叠印率高;如果叠印率低,则不能获得所要求的色相。如果色彩再现的范围缩小了,色彩的某些浓淡阶调也不能复制出来。

在实际的印刷过程中,不同的叠印顺序对叠印率影响很大,因而造成色彩还原的差异。例如,尽管品红印版和青印版上的着墨量是相同的,而且只印一色时,在纸张上的墨膜厚度也相等,但是,把两种油墨叠印在一起时,所印刷的第二色油墨不能被第一色油墨很好地接纳,因此,两色叠印形成蓝色时,如果叠印顺序是青—品红,合成的蓝色就会偏红;如果叠印顺序是品红—青,合成的蓝色就偏蓝。

为了尽可能地消除套印时印刷顺序对印刷质量的影响,打样的顺序和印刷作业时的顺序,应采用标准化的套印顺序。

5. 印刷色序

彩色图像印刷中,油墨是一色一色叠印的,在多色印刷机上,各色油墨印刷间隔时间非常短,是"湿叠湿"的印刷状态。油墨在纸面上的转移性能比在湿墨层表面的转移性能好,所以两种颜色的油墨只要颠倒一下色序,叠印色的色相、明度和饱和度就可能不同,因此,若叠印色序安排不合理,就会导致颜色再现的失常。

在多色印刷中，为便于油墨的转移和颜色的准确再现，应将黏度低、透明度小的油墨先印，而黏度高、透明度大的油墨后印，所以一般的印刷色序是黑、青、品红、黄色。

以上所述实地密度、网点增大值、相对反差是影响印刷质量的主要参数，它们都与墨层厚度有关。墨层厚度是指附着在纸张表面上的墨层在与纸张垂直方向上的平均厚度。纸张上的墨层太薄，墨色浅淡且不能均匀地覆盖纸面；墨层太厚，印张上的实地密度达到油墨的最大密度后，质量不仅不能提高，反而会造成网点增大严重，引起糊版或层次并级等印刷故障。因此，在油墨转移过程中，要确定最佳墨层厚度并进行控制，一方面使印张上墨色饱满；另一方面使网点增大值最小，实现层次的最佳还原，并使批量印刷品的质量稳定。

## 9.2 数字印刷品的质量要求

虽然目前对数字印刷产品还没有出台相应的质量标准，但对其质量要求基本可以仿照传统印刷品的要求执行。

由于印刷品本身的特殊性，它既是商品，又是艺术品，这就决定了"印刷质量"涉及主观、客观的心理因素和复制工程的物理因素。从复制技术的角度出发，印刷质量都应以"对原稿的忠实再现"为标准。具体来说，印刷质量评价的主要内容如下。

（1）机械与规格因素：包括图像尺寸的位置，以及裁切、订书、模切、上胶和装订的精确度。

（2）文字因素：包括文字有无物理缺陷，如字符是否破损、是否有白点、边缘是否清晰、文字密度是否足够等。

（3）图像因素：包括图像的阶调再现、颜色再现和清晰度。阶调再现是指图像明暗阶调的传递性，用阶调复制曲线表示；颜色再现是指颜色的传递特性，用密度计测量或 CIE 系统的 X、Y、Z 表示；清晰度是指图像轮廓的明了性和细微层次、质感的能见度，可用测试法或星标表示。

（4）不均匀性：原稿复制过程中出现的颗粒性以及画面的不均匀现象，可用测微密度计或光学衍射计等测量。

(5) 印刷重复率：印刷中质量的稳定程度，可用统计法求出平均质量。

目前国家对传统印刷产品都制定有相应的国家标准，如《平版印刷品质量要求及检验方法》《凹版印刷品质量要求及检验方法》《凸版印刷品质量要求及检验方法》等，这些标准虽然是针对不同印刷方式的印刷产品制定的，并且具体数据控制要求各不一样，但是在图像质量方面的要求基本是一致的，主要包括：对图像阶调的再现要准确、层次丰富分明，网点清晰，角度准确，套印准确，颜色再现自然、协调并符合原稿，图像质量稳定等。

具体对图像质量的评价通常采用两种方式，即定性的评判和定量的评判。

## 1. 定性质量评价

在生产实践中，人们根据印刷产品的外观，在没有检测手段的条件下，凭借人的感觉，按照实际经验评定产品质量，称为经验性质量标准，即定性评价，其评判内容包括：

(1) 墨色鲜艳，画面深浅程度均匀一致；

(2) 墨层厚实，具有光泽；

(3) 网点光洁、清晰、无毛刺；

(4) 符合原稿，色调层次清晰；

(5) 套印准确；

(6) 文字不缺笔断道；

(7) 印张外观无褶皱、无油迹、脏污和指印，产品整洁；

(8) 背面清洁、无脏迹；

(9) 裁切尺寸符合规格要求。

## 2. 定量质量评价

定量评价即借助仪器设备，用定量数据来反映质量，大致可分为四类，即：光学密度测定数据定量、色度值测定数据定量、轮廓清晰度测定数据定量、套印精度测量。

(1) 光学密度值测定定量标准

光学密度受到墨层厚度和油墨浓度的双重影响。用光学仪器（如密度计等)测量油墨实地密度的数据,可求得正确的给墨量和网点面积的变化关系。用光学反射密度计来鉴别印刷的质量可以达到下列目的:控制和检验墨色厚度和均匀度,检查印张的长和宽范围内的给墨量;在正式印刷过程中,检查每批产品的墨量控制是否在要求范围内相对稳定;通过测定,可使打样样张和印刷品在色调层次等方面均符合原稿要求;保持网点光洁、层次清晰,测定油墨实地密度值,控制网点变化并使之处于允许值范围内。

(2) 色度值测定定量标准

即在一定墨层厚度的条件下,测量油墨的色相、饱和度及密度,检查油墨的技术指标等。色度值可利用分光光度计来测量。通过色度值测量可达下列目的:通过色相测定,测出三原色油墨的分光光度曲线与标准曲线对比,求得允许的色值偏差,控制油墨的使用色相,为评定产品质量提供准确数据;油墨饱和度测定,目的是控制三原色彩色平衡,保持墨色鲜艳纯正,不产生陈旧、平淡灰暗感。

(3) 轮廓清晰度测定定量标准

轮廓清晰度是指网点、文字、线条等印在纸张上应具有的物理形态。因为这些物理形态在印刷时的油墨转移过程中,要受到纸张表面性质、墨层厚度、印刷压力及滚压形态以及印刷材料和橡皮布的影响而产生形态偏差。通过轮廓清晰度测定,使变化值控制在允许误差范围内,使之符合质量要求和标准。例如:检查和控制线条的标准粗细程度;保持文字笔锋秀丽、刚劲有力,用数据检查和控制文字的笔锋和笔画的外形,以达到规定的质量指标;保持网点清晰圆实,检查和控制网点在纸张上出现的一些不规则形状。

(4) 套印精度测定定量标准

在同一印张上,把不同颜色而相同的图文,在统一指定的位置上用规定的套准精度数据,利用测量仪器,来确定允许套准误差值,鉴别套准精度。

(5) 图文尺寸测量标准

印刷品的尺寸应与要求图文尺寸相同,尤其是一些特殊规格的产品,必须与要求尺寸相符,才能符合质量要求。但在印刷中有各种可变因素影响原尺寸的精度。所以,在印刷中要准确度量和作适当的调节,使之控制在规定的误差值范围之内。

(6) 高调网点再现率

画面应保持层次丰富的细小网点不丢失的程度,是体现画面色调转移、评定产品质量的一个重要指标。这种微细网点的再现率,主要取决于纸张,橡皮布的表面性质,以及制版和印刷中的转移方法及工艺操作。

## 9.3　数字印刷控制条

为保证印刷产品质量符合要求,并保持稳定一致的效果,在印刷复制过程中,必须实时监控图像复制、处理、传递的质量,而这种监控只有进行定量的控制,才能适应印刷技术飞速发展的需要。针对传统印刷质量的控制,许多国家研制了控制质量的测试元件,如美国的 GATF 系统,瑞士布鲁纳尔系统,德国的 FOGRA 系统等。这些测试元件主要包括信号条、测试条、控制条三类。

信号条:主要用于视觉评价,功能较少,只能表达印刷品的外观信息,是一种定性的质量评价方式,如 GATF 彩色信号条等。

测试条:是以密度计检测评价为主的多功能标记元件,并借助图表、曲线进行计算,通过定量方式评价图像质量,如布鲁纳尔测试条。

控制条:结合了前两者的功能,从定性和定量两方面对图像质量进行评价与控制,如布鲁纳尔第三代测试条。

国内采用的比较有代表性的是 GATF 信号条和布鲁纳尔控制条。

随着数字印刷技术的不断发展,用于数字化工作流程和数字印刷的控制条也应运而生,比较有代表性的是 UGRA/FOGRA PostScript 控制条。

### 9.3.1　印刷控制条的基本构成

根据对图像印刷复制的一般质量要求以及印刷工艺特征,印刷控制条一般包含以下一些控制要素。

1. 实地块：一般由黄、品红、青、黑四色实地块构成，用于检测黄、品红、青、黑的实地密度。

2. 网点测试块：一般包含有各单色50％的网点块，用于检测各色版的网点增大情况。

3. 多色套印的实地块：一般包含两色或多色实地的叠印色，用于检测多色套印时的油墨叠印率。

4. 线条测试块：一般由水平方向、竖直方向及一定倾斜方向的黑白相间的平行线测试块构成，用于检测网点的变形和重影以及重影的方向。

5. 小网点目测块：一般是5％以内的小网点块，用于直接通过人眼观察小网点的复制再现情况。

6. 暗调网点测试块：一般是90％以上的网点块，用于检测印刷中能够复制的最大网点覆盖率，以确定暗调的网点再现情况。

7. 三色套印的网点块：一般由一定阶调的黄、品红、青三色叠印而成，用于检测灰平衡情况。

当然，具体的控制条根据其检测的侧重点不同，会在以上基本控制要素的基础上有所增删。

### 9.3.2 传统印刷控制条

1. GATF 信号条

GATF(美国印刷技术基金会)信号条可以不用密度计，凭肉眼就能对网点面积变化与密度进行检验。该信号条由网点增大部分、变形范围和星标三部分组成，它的原理就是利用细网点的网点增大比粗网点敏感来判断网点增大值。在该信号条上，可通过数字来检验印刷时网点增大和缩小。这种信号条有阴图型和阳图型两种。

（1）网点增大部分

该部分由0～9十个数字组成，数字均由200lpi的网点构成，且每个数字的网点面积不同。这十个数字的底衬为65lpi的平网，无论阴图还是阳图，2号数字的网点面积与底衬的网点面积相同。0～7号数字，网点面积按3％～5％减少；7～9号数字，网点面积依次按5％递减。

在拷贝、晒版、打样或印刷过程中,网线越细,越容易受到微小变化因素的影响。相反,网线越粗,对微小变化的反应很小。由 200lpi 组成的 0~9 号数字的不同网点层次,对拷贝、晒版或印刷中的微小变化反应很敏感,一有异常情况出现,数字部分网点面积容易扩大或减少。而由 65lpi 组成的粗网底衬,即使复制条件出现微小的变化,它也几乎没有反应或反应很小。这样,可以根据数字变深或变浅来判断拷贝、晒版、打样或印刷过程中的网点变化。正常时,2 号数字的网点面积应与底衬的网点面积相同,若出现了 4 号数字与底衬相同,那么,此时的网点就增大了 6%~10%;若 1 号数字与底衬相同,那么,此时的网点就缩小了 3%~5%。

（2）变形范围

该部分由相同面积比例的竖线和横线组成,以竖线作为底衬,横线组成"SLUR"文字。

印刷过程中,若印刷机的径向和轴向处于稳定状态,则"SLUR"与底衬的密度相同,人眼视觉就感觉不到二者的差异。若印刷机的径向和轴向处于不稳定状态,则横线或竖线就会往外扩大而变粗,人眼视觉就会感到"SLUR"变深或变浅,这样,就能很快地区别打样或印刷时有无方向性的网点增大和因变形而引起的网点增大。

（3）GATF 星标

美国 GATF 星标是供视觉检查的信号条,如图 9-1 所示,这是一个多功能的印刷指针,在直径 10mm 的圆内,对称分布了 36 根黑色楔形线和 36 根白色楔形线,夹角均为 5°。星标的中心是直径为 1mm 的小白圆点。通过目测星标中心的白点和楔形线的变化,便可判断印刷过程中网点增大、变形和重影的状况。楔形成等量扩大或缩小的情形能够非常敏感地被反映出来,特别是在楔尖部位集中的圆心中反映出来。由此可检查印刷过程中网点增大、糊版、花版、重影、网点变形等变化,帮助

图 9-1　GATF 星标

印刷工作者快速、有效地作出判断,采取有效措施作出及时纠正。另外,还可用来测定印版的解像力。

在晒版时把星标晒制在版面的拖梢空白处,也可放置在其他空白处。经晒版或印刷后,通过目测或用放大镜来观察印张上星标图案的中心部位墨量引起的变化情况,就能获知网点增大量和增大方向,如图 9-2 所示。

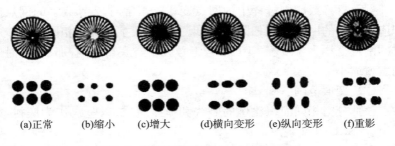

(a)正常　　(b)缩小　　(c)增大　　(d)横向变形　(e)纵向变形　(f)重影

**图 9-2　GATF 星标对网点变形的反映**

a. 如果星标中心部位白点和楔形线都印得很清楚,说明印张的网点增大不明显,基本保持正常状态。

b. 若是楔形线变细,中心白点变大,说明网点缩小,图文偏浅,则发生了花版。

c. 若楔形线增粗,中心白点被油墨遮盖,说明墨量太大,造成了印张上网点增大明显,而且出现了糊版现象。

d、e. 若星标中心部位变成椭圆形,楔形线增粗,圆心呈直的双环影,说明轴向的网点形状发生变化,且纵、横向变化不一样,圆形网点增大产生了椭圆形变化,即产生横向变形或纵向变形。

f. 若星标中心形状成了"8"字双环形,楔形线同样增粗,说明径向的网点发生变化,甚至是网点发生了重影。

2. 布鲁纳尔控制条

布鲁纳尔(Brunner)印刷控制条由许多色块组成,但用于控制和显示网点增大的微线标是该系统的主要基础。布鲁纳尔控制条分三段和五段(在三段基础上增加 75% 粗网区和 75% 细网区,即成五段)

两种,图 9-3 所示为布鲁纳尔五段控制条。这种控制条灵敏度较高,利用它既能用密度计测量计算网点增大值,又能在没有密度计的条件下,用放大镜进行目测确定数据。

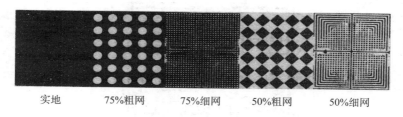

实地　　　　75%粗网　　　　75%细网　　　　50%粗网　　　　50%细网

**图 9-3　布鲁纳尔测控条**

（1）第一段为实地墨块,用于检测实地密度值。

（2）第二段为 10 线/厘米的 75% 的粗网区,第三段为 60 线/厘米的 75% 的细网区。利用这两段可计算出 75% 阶调处网点的增大值,计算方法如下:

$$网点增大值(75\%部分)=(D_细-D_粗)/D_实 \qquad (9\text{-}3)$$

其中,$D_细$ 为 75% 细网区密度值,$D_粗$ 为 75% 粗网区密度值,$D_实$ 为实地密度值。

75% 粗网区还能用于测算相对反差值 $K$,计算方法如下:

$$K=(D_实-D_粗)/D_实 \qquad (9\text{-}4)$$

$K$ 值越大说明实地密度与 75% 处的密度差别越大,暗调拉得开,网点增大值也小,所以控制 $K$ 值实际上既控制了 75% 处的密度值,又在一定程度上控制了网点增大值,$K$ 值一般以大于 0.4 为好。

（3）第四段为 10 线/厘米的 50% 的粗网区,由方网点组成。观察印版上方网点间的搭角情况,可以判断晒版曝光量是过度还是不足;观察印刷品上方网点间的搭角情况,可以判断墨量的大小。测出 50% 细网区和 50% 粗网区的密度值,按下式可计算出中间调(50% 处)的网点增大值:

$$网点增大值(50\%部分)=(D_细-D_粗)/D_实 \qquad (9\text{-}5)$$

其中,$D_细$ 为 50% 细网区密度值,$D_粗$ 为 50% 粗网区密度值,$D_实$ 为实地密度值。

（4）第五段为细网区，由中心十字线把方块分割成四个大小一样的小方块，每个小方块内网点数目种类一致且相对称，每一小方块的具体构成如图 9-4 所示。

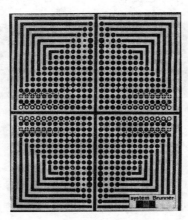

图 9-4　Brunner 细网区放大图

外角均由 6 线/毫米的等宽折线组成，作为检查印刷时网点有无变形、重影的标记。若网点横向滑动，则竖线变粗；网点纵向滑动，则横线变粗。

80 个网点覆盖率为 50％的圆形网点，用于检测圆网点边缘的变化情况。

极细小的阴阳点子各有 12 个，其中阳图点子包括从 0.5％～20％的网点（从左到右依次为 0.5、1、2、3、4、5、6、8、10、12、15、20），阴图点子包括从 80％～99.5％的网点。这样 12 个阳图点和 12 个阴图点在控制条上是互补的，晒版时，用它们来判断高调处极细小网点和暗调处极细小白点的还原情况。

阳图和阴图小十字线各 10 个，各组阴、阳十字线之和恰为 50％的圆网点之面积，用于检查网点增大或缩小的情况。阴、阳十字线的粗细分别为 2.5$\mu$m、4$\mu$m、5.5$\mu$m、6.5$\mu$m、8$\mu$m、11$\mu$m、13$\mu$m、16$\mu$m、20$\mu$m 和 25$\mu$m。

中心有四个 50％的方网点，用于控制晒版、打样或印刷时版面深浅变化。50%网点搭角大时,说明图像深,网点增大量大;50%点四角脱开,说明图像浅,网点缩小。

两组直径渐变且互补的圆形网点,共 24 个,从 75%对 25%,逐级变化到 51%对 49%为止,共 12 对,第一列从下向上逐渐扩大,直至第十二个网点为 75%的面积;第二列从下向上逐渐缩小,第十二个网点面积为 25%,互相对应的两个网点总面积为 100%。通过放大镜或显微镜观察各个圆形网点的变形情况,检查其边缘接触情况,就能方便地得知网点增大或缩小的趋势。

边线上排列有不同宽度的阴线,宽度分别为 $4\mu m$、$5.5\mu m$、$6.5\mu m$、$8\mu m$、$11\mu m$、$13\mu m$、$16\mu m$、$20\mu m$,这些粗细级变的垂直线用来检测印版表面感光乳剂的分辨率。

### 9.3.3　数字印刷测控条

由于数字印刷的作业特点,用于模拟印刷的测控条无法作为数字印刷质量检验与控制的手段,也就是说,为有效控制数字印刷的质量,必须要有适合数字印刷特点,并能有效控制数字印刷质量的数字印刷控制条,现在实际应用中较典型的是 UGRA/FOGRA PostScript 数字印刷控制条。

1. UGRA/FOGRA PostScript 数字印刷控制条

UGRA/FOGRA PostScript 数字印刷控制条是由瑞士印刷科学研究促进会 UGRA 和德国印刷研究协会 FOGRA 联合开发制作的激光成像数字印刷测控条,如图 9-5 所示,UGRA/FOGRA 数字印刷测控条以 PostScript 语言定义,采用了模块式的结构,因而具有很大的灵活性。

**图 9-5　UGRA/FOGRA 数字印刷测控条**

UGRA/FOGRA PostScript 数字印刷测控条由三个模块组成,其中模块 1 和模块 2 用于监视印刷复制过程,模块 3 则用来监视调整曝光过程。

（1）模块 1

模块 1 包含以下 8 个实地色块：青、品红、黄和黑各单色实地色块各 1 个，三原色相互叠印色即"青＋品红"、"青＋黄"、"品红＋黄"实地色块 3 个，三原色叠印色"青＋品红＋黄"实地色块 1 个。这些控制色块用于控制数字印刷油墨的可接受性能以及三原色的叠加印刷效果。在叠印色旁边是一个由青、品红、黄三色叠印的 300％的网点色块，以及一个褐色边框的白色网点块，最边上用于判断输出设备是否与 BVD/FOGRA 标准匹配。

模块 1 主要用来控制实地即油墨叠印率，四色套印工艺可能因油墨叠印率不够而导致颜色复制误差，通过两种颜色的叠印可作出判断。例如，如果青、品红和黄三种色块与标准色块的匹配良好，而二次色绿色存在严重的偏色，即青和黄色混和出现偏差，则说明油墨叠印率发生了问题，可用的补救措施包括改变印刷色序、采用另一套油墨组合以及改变承印材料，或在分色时调整底色去除量等。

（2）模块 2

模块 2 主要用于控制实地、网点增大和色彩平衡，依次包括灰平衡控制色块、实地区域、D 控制区和网目调控制区。

① 灰平衡控制色块。该色块定义了与胶片输出 80％黑色和由 75％青、62％品红和 60％黄组成的混合色有关的灰色调数值，如图 9-6 所示，其中 80％黑色用于控制网目调加网效果；混合色是为了与 80％黑色色块比较，控制灰平衡。印刷时若灰平衡控制不好，则该色块将呈现出彩色成分。

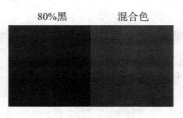

80%黑　　　　混合色

图 9-6　灰平衡控制色块

颜色平衡块主要用于检查彩色数字印刷设备或数字打样设备实现灰平衡的能力。其中左面色块的色相在印刷后应该接近于灰色，两个色块的亮度应该大体上与邻近的网目调区 80％网目调加网控制色块相等。如果左面色块打样的结果与理想灰色的偏差很小，印刷品的颜色匹配是正确的。此外，模块 2 的颜色平衡块也可直接用于检验和控制彩色数字印刷过程，如果颜色平衡块的灰平衡是正常的，那么彩色数字印刷品其他区域的灰平衡也应该是正常的。

② 实地区域。实地区域包含 4 个实地色块，按黑、青、品红和黄次序排列，每隔 4.8mm 放置一个色块，用于检测控制各单色实地密度。紧靠颜色平衡控制色块的第一个实地色块(黑色块)的四个角上压印了黄色，用于检查印刷色序，即黄色先于黑色印刷还是黑色先于黄色印刷。

③ D 控制块。D 控制是指方向控制，即检验采用特定的复制技术、复制设备和承印材料组合对不同加网角度的敏感程度。D 控制块分为四组：青、品红、黄和黑色各一组，每一组中均包含 3 个色块，如图 9-7 所示，3 个色块均采用线形网点加网，加网角度从左到右依次为 0°、45°和 90°，每个色块采用的加网线数均为 48 线/厘米，阶调值为 60％，其总尺寸为 6mm×4mm。在组成数字印刷测控条时，通常按黑、青、品红、黄的次序排列。

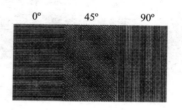

**图 9-7　D 控制块**

理论上，当采用相同的加网线数和网点形状时，这 3 个色块应该有相同的密度值。如果实际测量出来的 3 个密度值有较大差异，则说明用户使用的复制技术、复制设备和承印材料组合在某个加网角度太敏感。

D控制块之所以采用60%阶调值而不采用中间调值(50%)的主要理由是,输出后的色块比中间调略暗,可以更清楚地识别加网工艺的方向敏感性。

④ 网目调控制块40%和80%。该控制块同样有青、品红、黄和黑4组,每一组控制块由40%和80%两个色块组成,采用60线/厘米加网,如图9-8所示。两个网目调控制色块与中间调网点百分比呈不对称分布,代表了比中间调略淡(接近中间调)和接近实地的网点百分比。不同的数字印刷工艺采用不同的加网复制技术,会得到不同的输出效果。因此,这两个控制块可用来评估特定数字印刷加网技术的表现能力与行为特性,衡量加网技术能否获得需要的效果。在形成测控条组合时,按黑、青、品红和黄的次序排列。为了通过测量确定网点增大值,密度计必须转换到相关颜色,并根据纸张白色将密度计调零,接下来就可以测量实地色块和相邻的网目调色块了。如果密度计已经被设置到参考值40%和80%,则可直接显示网点增大值。否则,密度计显示实际的网点百分比,可以从实际测得的网点百分比减去参考值40%或80%,从而得到网点增大值。

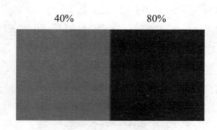

图9-8 网目调控制块

(3) 模块3

模块3包括15个不同深浅的灰色块,每个色块的尺寸相同(6mm×10mm),均采用黑色油墨印刷。如图9-9所示,15个色块组成5列,每一列均包含3个色块,但采用了不同的网点结构。这些色块的油墨覆盖率分别为25%、50%和75%,其中最左面一列为25%,第二、三、四列油墨覆盖率为50%,第五列为75%。

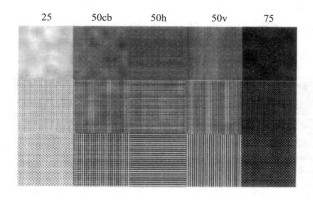

图 9-9　模块 3

　　控制块的第一行分辨率最高,用输出设备可以达到的最高记录分辨率复制,第二行色块的记录分辨率是第一行的二分之一,第三行是第一行的三分之一。由此,从第二行和第三行色块可看到较大的网点结构。控制块的第二、三、四列均为 50%黑色,第二列命名为 50cb (Checker Board),它们均是格子状图案;第三列包含水平线;第四列则包含垂直线。

　　理论上,模块 3 被印刷出来后,每一列中的三个色块的阶调值应该是相同的,不同的仅是记录分辨率。在行方向上,每一行的中间 3 个色块复制到纸张上后也应该具有相同的阶调值。因此,如果每一行中间 3 个色块的阶调存在差别,则这种差别一定与复制方法有关,导致差别产生的原因可从网线角度方向上找。输出时将记录设备调整到使行方向的阶调差别最小,则列方向上色块的阶调值不同时,反映的是加网线数对复制效果的影响。

　　2. UGRA/FOGRA PostScript 数字印刷控制标板

　　UGRA/FOGRA PostScript 数字印刷控制标板是用于电子印刷的质量控制工具,用 PS 语言写成。它定义了一套测试图像,如图 9-10 所示,包括七个功能组和一个用于各色版套印的定位标尺。具有与 PostScript 印刷机、激光照排机和电子出版系统相匹配的精度,特别适合于数字印刷系统的质量控制,是控制数字印刷输出设备的生产条件的有效工具,它可以用来检测图像分辨率(包括水平和垂直方向的分辨率),亮调和暗调范围,套印精度,黄、品红、青、黑四色再现曲线等。

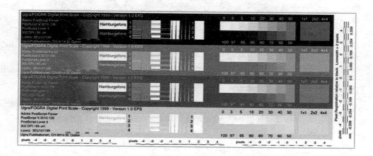

图 9-10　UGRA/FOGRA PostScript 数字印刷控制标板

# 数字印刷技术的应用

自数字印刷技术于 20 世纪 90 年代诞生以后,数字印刷在全世界掀起了热潮。数字印刷技术在增值印刷、直邮印刷、绿色包装印刷、印刷工作流程、网络印刷等领域开始发挥至关重要的作用。在多年的发展中,与数字印刷相关的系统和产品不断涌现。数字印刷工作流程系统应运而生,与数字印刷设备配套的印后加工及其他相关设备也日趋多样和完善。

## 10.1 数字印刷的应用领域及特点

由于数字印刷的特点以及数字印刷技术的成熟化,它已经在印刷业占据越来越多的份额,尤其在欧美市场,已经形成与传统印刷并驾齐驱的态势。在国际上,数字印刷的应用领域包括:出版(个性化出版印刷、少量书籍重印、待出版书籍样本制作等)、商务(客户目录、报表、单据印刷等)、直邮(印刷直接邮递商业信函、个性化广告、企业明信片等)、广告(展览及会议用介绍册、产品型录、企业宣传画册、名片等)、包装装潢(小包装、墙纸、花边纸、标签等)、军事(军图及信息册印刷)等。

随着我国印刷业朝短版、快速、个性化方向发展的趋势,数字印刷将凭借其巨大的市场潜力,在我国得到飞速的发展。数字印刷在我国的主要应用领域有:商业印刷,出版印刷,摄影及影像输出,印前设计,数字打样,广告印刷,机关文印,金融、邮政、电信的账单印刷,报业印刷,包装印刷等。

1. 数字印刷在商业印刷领域的应用

商业印刷是数字印刷应用最多的领域,特别是在宣传广告单、产品目录、直邮材料、招投标书、宾馆的各种菜谱、展览会的样品、彩色名片、学校的毕业证书等商业快印领域应用尤为突出。彩色数码印刷机可以在各种承印物上进行印刷,如印制各种塑片、大型海报、横幅、灯片、样本等产品,可变数据印刷扩大了商业印刷企业的生存空间。此外,伴随着文化产业的迅速发展,古籍和艺术品复制也成为商业数字印刷的应用领域,已经取得了良好的发展。

2. 数字印刷在出版领域的应用

数字印刷可以满足图书的少量印制、极短的印制周期等要求,可以实现单本印刷,实现真正的按需印书。按需印书可以真正实现零库存、先发行后印刷,实现单本印刷、定制印刷,取消仓库场地,减少库存积压浪费。此外,还可借助数字印刷为书刊喷印标签和地址。

3. 数字印刷在直邮领域的应用

直邮(在国内称为商业信函)是国外发展比较成熟的一个市场,被称为除电视、广播、互联网、报刊杂志之外的第五媒体,是公司进行市场营销、促销,与客户进行沟通的一个重要渠道,是个性化运用、可变数据印刷体现最为充分的市场。在国内,直邮于 20 世纪 90年代开始起步,2000 年以后开始加速发展。近几年,我国直邮业务持续大幅增长,如国内电信、银行、保险、基金、证券等一些大公司要为客户提供账单服务,部分城市公共事业费如电费、水费也开始发放账单,税务部门要向纳税人提供个人所得税完税证明,这些都可通过直邮业务完成。

4. 数字印刷在账单印刷领域的应用

由于金融、邮政、电信等行业业务量的迅猛增加,相关账单等的印刷需求量也随之大幅上升。快速数字印刷系统在票据、账单、信函、安全印务等可变数据领域得到了日益深入的应用。在数字印刷出现之前,票据行业就在票据上印刷可变号码和条码了。随着数字印刷技术的日渐成熟,票据和标签印刷厂开始陆续引进数字印刷设备。在票据印刷和标签印刷时,先采用传统印刷方式印刷大部分固定内容,再与机械或数字印刷设备联机,印刷可变号码、条码、简单的图文信息。此类可变数据印刷方式,联机印刷速度快、操作简单、数字数据印刷成本低,在票据、标签印刷行业得到广泛运用。

5. 数字印刷在标签印刷领域的应用

随着国家质量监督检验检疫总局提出的电子监管码工作的开展,标签印刷企业对标签数字印刷的需求进一步增加,且数字印刷在整个标签印刷工业中的比例也越来越高。具有可变信息和防伪性能的数字印刷的标签应用将会有长足的发展。

6. 数字印刷在机关文印领域的应用

自 2003 年以来,数字印刷设备与传统印刷共同担负机关文件及资料印刷的任务。随着数字印刷机速度提高,加上印刷装订的一体化和联动化,满足了文件印刷的需求。高速化、联动化和异地化已逐步成为机关文印的趋势。

## 10.2 可变数据印刷技术

数字印刷技术在上述领域的应用表现出的一个共同特点就是短版印刷,也就是说数字印刷在短版印刷领域中扮演着越来越重要的角色,而个性化印刷(即可变数据印刷)又是数字印刷中的重要部分,这里所谓的个性化印刷是相对于传统印刷而言的。传统印刷方式一次只能印刷若干数量的、内容相同的印刷品,也就是说,不论你是印刷1000 张还是 10 万张,每一个印张上的图文都是丝毫不差,是完全相同的;而个性化印刷是指在印刷过程中,所印刷的图像或文字可以按预先设定好的内容及格式不断变化,从而使第一张到最后一张印刷品都可以具有不同的图像、文字或条码,每张印刷品都可以针对其特定的发放对象而设计并印刷。目前,个性化印刷在国外按需印刷领域中的增长非常快,一方面是因为生产商已开始有意识地针对自己的目标客户开发目标市场;另一方面,印刷品的最终用户越来越强调自己的个性化,对印品质量的要求日益提高,从而促进了个性化印刷的推广应用。

### 10.2.1 可变数据印刷的概念及基本原理

**1. 可变数据印刷的基本概念**

可变数据印刷（Variable Data Printing，VDP）又称为可变信息印刷（Variable Information Printing，VIP）、个性化印刷（Personalized Printing）、定制印刷（Customized Printing）或数据库出版（Database Publishing），属于按需印刷的一种。它是指在一个印刷过程中只设计了一种文档版面形式，但该文档的每份印刷复制品都具有自己的独特个性，即每张印刷复制品版面上的文字、图形、图像、条码等各部分内容可以不同，可以任意改变，从而可以印刷出具有内容不受限制、独特针对性、目标性的个性化产品。也就是说可变数据数码印刷是在印刷机不停机的情况下，连续地印刷需要改变的图文（即所谓的数据），即在印刷过程不间断的前提下，批量印刷时，某些数据（如门票编号，坐位号码、姓名等）一直在变化。可变数据印刷是数字印刷的产物。

**2. 可变数据印刷的工作原理**

可变数据印刷的实现除基于前述的各类数字印刷成像原理外，还要真正体现"数据可变"的特点，即当一个文件印刷时，页面上特定的图像或文字可以改变，而其他内容则保持一致。在可变数字印刷过程中，可变的图像或文字是由排版软件和印刷机控制软件来共同识别的。可变数据记录在数据库中，并储存在内存里，当文件进行印刷时，印刷机不断更新可变数据，重新进行成像。当然，可变图像或文字的数量和大小会受内存和印刷机本身的限制，替换较大的四色图像会增加光栅处理的时间。

在可变数字印刷中，页面上的大多数文字和图像是不改变的，可变的文字和图像只是少部分，不改变的资料越多，光栅处理的时间越快。可变图像通常使用 TIFF 或 EPS 格式，它们记录在数据库中并在特定的可变区域里进行替换。同一区域内的替换图像必须具有相同的尺寸。大多数系统允许在一定的面积内可以有许多可变数据区域。成像系统可变资料区域中连续替换的图像或文字被不断的重新成像。

可变文字也记录在数据库内,替换入可变区域中,尽管文字每行有长短,但可变文字总的长度须大致相同。

## 10.2.2　可变数据印刷的数据格式

由于在传统印刷上用得很多的 PostScript 页面描述语言不适用于可变数据印刷的像素描述方式,因而各公司提出了像素的重复利用以及数据库联接的数据格式问题,但是这些格式是根据机器特性产生的各公司自己的数据制成的,例如,Indigo 的 JIYT、Xerox 的 VIPP、Scitex 的 VPS、IBM 的 AFP 等,其特点是可以发挥设备的特长、效率高,缺点是属于非开放式的工作流程,不同厂商设备数据不能共享。在按需印刷倡议联盟 PODi 支持下,新开发了标准数据格式 PPML(Personalized Print Markup Language,个性化印刷标识语言)标准,该标准规定了定义 VDP 作业的标准方式,旨在提高各供应商设备间的相互操作性,从而成为可以使用的通用格式。PPML 在不同厂商的设备上不仅数据可以共享,而且属于开放式工作流程,可以使用非输出设备厂商提供的数据制作软件,能够完成各种数据的制作。

PPML 是一种元语言,采用 XML 作为句法基础,可以描述印刷活件的结构、文件、页面等信息。它通过 PPML(MARK)把"标识"放置在页面上,PPML(MARK)元素指向页面数据。尽管 PPML 对于复杂的高端 VDP 市场非常适合,但本质上 PPML 是一组用来指明将印刷页面上的各元素以及其在页面上的相应位置和缩放信息的标记索引。PPML 标准并未包含标记本身的定义,换句话说,PPML 并非一种页面描述语言,而仅仅是定义了指向存储页面元素的"内容文件"的索引。因此,在 PPML 中,对可以使用的内容文件的格式没有限制,供应商可以自由选择应用 PostScript、PDF、TIFF、JFIF、PCL,甚至 AFP。因此 PPML 语言本身并不能保证用户一定能够打印一个 PPML 文件以及与之相关联的内容文件。

因此,CGATS SC6/TF2 小组开始着手开发一种针对低端 VDP 市场的标准。该小组开发的称为 PPML/VDX(Personalized Print

Markup Language/Variable Data Exchange，个性化印刷标记语言/可变数据交换）的标准基于 PPML 标准的一个子集，是基于 PDF 和 PPML 的可变数据印刷作业输出/交换的标准，它结合了 PPML 和 PDF 的优点，支持创建包括数据库信息和可变内容的文档，允许出版软件利用 PDF 文件来存储可变数据印刷作业所需要的信息。该标准克服了 PPML 的弱点，内容采用 PDF/X-1a：2001 或 PDF/X-3：2002 格式，并要求 PPML 嵌入在 PDF 文件中。

PPML/VDX 具有以下功能：包含一个内容装订表清单，用来确定完成工作所需要的所有 PDF 元素，包括一些独立的标识符和用于确认的检查总合；应用 JDF 语法在 PPML/VDX 作业说明中表达内容生成工具的目的和意图；通过对 PDF/X 内容数据的使用实现色彩管理。

1. PPML/VDX 的基本工作方式

PPML/VDX 工作流程系统包括 PPML/VDX 发送方（Sender）系统和 PPML/VDX 接收方（Receiver）系统。PPML/VDX 发送方系统生成包含可变数据印刷作业信息的一组文件，它可以是软件程序，也可以是一个人或多个人。而 PPML/VDX 接收方系统则利用这些文件完成可变数据作业，同样它也既可以是软件程序，也可以是一个人或多个人。

发送给 PPML/VDX 接收方的关于某一 VDP 作业的一个或多个文件被称为"PPML/VDX 实例"（PPML/VDX Instance）。一个特定的 PPML/VDX 实例可以只包含一个文件，也可以包含几个或许多文件。如果仅有一个文件，那么将是被称为"PPML/VDX 版面文件"（PPML/VDX Layout file）的特殊形式的 PDF 文件。每个 PPML/VDX 实例必须包含且仅只能包含一个 PPML/VDX 版面文件。若 PPML/VDX 实例中包含了一个以上的文件，其中一个文件肯定是 PPML/VDX 版面文件，另外还可能包含几个或多个其他 PDF 文件，也可能包含一个或两个 XML 格式的文件。

PPML/VDX 实例中如果有 XML 文件，它包含的是 PPML 数据或 JDF 数据。PPML 数据是每个 PPML/VDX 实例中的关键部分，PPML 数据要么嵌入在 PPML/VDX 版面文件中，要么就存放在独立的文件中,在 PPML/VDX 实例版面文件中有指向该独立文件的 URL 链接。而 JDF 数据是可选的,如果 PPML/VDX 实例中确实包含 JDF 数据,那么 JDF 数据既可嵌入 PPML/VDX 版面文件中,也可放在独立的文件中。

PPML/VDX 版面文件的扩展名采用 .vdx,而不是 .pdf,以表明这是一个 PPML/VDX 版面文件,而非"通常的"PDF 文件。此 PDF 文件包括的一些数据结构描述了可变数据作业元素的组织形式。除了这些数据结构外,PPML/VDX 版面文件还可能包含完成该项可变数据印刷作业所需要的部分或全部文本和图像代码。尽管 PPML/VDX 版面文件是 PDF 文件,但却不能利用 PDF 阅读软件来浏览,这是因为 PPML/VDX 版面文件的结构与普通 PDF 文件的结构不同。PPML/VDX 版面文件主要是作为数据结构的"容器"或"包装",其本身并非通常意义上的"文件"。

PPML/VDX 文件不仅可以传递图像页面内容,还可以表达产品的意图(对加工好的印品的描述),这是一种与生产设备无关也与印刷生产工艺流程无关的描述方式。

2. PPML/VDX 版面文件的数据结构

PPML/VDX 版面文件中主要有 4 种类型的数据结构。

(1) Content Binding Table 数据结构。该数据结构被作为复杂的交叉索引表和"检查表",PPML/VDX 接收方可利用这一数据结构来判断可变数据印刷作业所需要的所有组件是否齐全。

(2) Layout 数据结构。该数据结构有两种形式,一个是包含描述可变数据文档的版面安排以及文字和图像元素的版面安排的一个 PPML 数据结构;另一个是包含指向存储有此 PPML 数据结构的独立文件的索引链接。

(3) Product Intent 数据结构。该数据结构也有两种形式,一个是包含指定印刷纸张类型以及装订方法等信息的 JDF 数据结构;另一个是包含指向存储有 JDF 数据结构的独立文件的索引链接。

(4) PPML VDX 数据结构。该数据结构作为上述数据结构的外壳,即 Content Binding Table、Layout 和 Product Intent 数据结构都

封装在 PPML VDX 数据结构内。

PPML VDX、Content Binding Table 和 Layout 数据结构必须出现在每个 PPML/VDX 版面文件中，而 Product Intent 数据结构则是可选的。这些数据结构都采用 XML 格式，即每个数据结构都是一个 XML 元素。PPML/VDX 工作流程中的接收方负责读取并解释 PPML/VDX 版面文件中的数据结构，并利用其中的信息将不同的文本和图像元素组装到实际的文档中去。

基于 PPML/VDX 的 VDP 作业包括内容数据和版面数据两部分，其具体的组织形式有多种。最简单的一种方式是完成可变数据作业所需要的信息全部包含在单个 PDF 文件即 PPML/VDX 版面文件中。PPML/VDX 版面文件中的数据结构指定了文件中所包含的不同文本与图像的位置以及相应的属性信息，并描述了在实际进行可变数据印刷时如何利用不同的文本和图像。

在更复杂的作业中，一个 PPML/VDX 实例由一个 PPML/VDX 版面文件和其他多个 PDF 文件组成。其中 PPML/VDX 版面文件仅包含必要的数据结构和指向其他 PDF 文件的链接，文本和图像的实际代码在其他 PDF 文件中。在这种类型的 PPML/VDX 实例中，PPML/VDX 版面文件中的数据结构引用其他 PDF 文件，而不是指向 PPML/VDX 版面文件中的标记位置。

基于 PPML/VDX 的 VDP 作业还有其他多种文件组织形式，如通过 Product Intent 数据结构引用独立的 JDF 文件等。

3. 基于 PPML/VDX 的 VDP 工作流程

可变数据印刷工作流程一般包括概念、开发、批准、合并、印刷和完成几个阶段。

（1）概念阶段（Concept）。VDP 应用通常都从营销部门开始进行一对一营销活动的创意。为激发客户购买意愿，市场营销部门提出创意，并提供原始材料，包括图像及文字内容、数据库。在该阶段需要对客户资料进行分析并决定最终印刷材料的形式和外观。

（2）开发阶段（Development）。将概念转换为可执行的方案和设计。这一过程包括由设计人员进行的美术编辑、文字编辑和数据库的整理等工作。

（3）批准阶段（Approval）。由营销部门对上述方案进行评估，并根据营销目标进行调整和修改。同时还需要利用数据库对整个应用进行测试，检查文字内容、图片尺寸等。

（4）合并阶段（Merging）。利用上一阶段形成的图文资料和数据库资料生成 PPML/VDX 格式的可变数据印刷作业。

（5）印刷阶段（Printing）。利用支持 PPML/VDX 的数码印刷机进行印刷。

（6）完成阶段（Fulfillment）。进行印后处理及服务工作，如装订、裁切、邮寄等。

# 10.3　网络印刷技术

数字印刷的单张成本高，印刷成本不会因为数量的增加而降低，这与传统印刷的成本概念相反，而且数字印刷的特点是个性化 RIP，每个订单的数量少，但是却要求服务更加细化。因此，要充分利用数字印刷机，建立一套可行的服务流程。随着越来越多的客户和企业开始在网上订购产品和服务，数字印刷服务供应商也迎来了新的商机，网络印刷业务开始崭露头角。

## 10.3.1　网络印刷的基本概念及特点

网络印刷（Web-To-Print，WTP）不是一种印刷方式，而是一种印刷解决方案。狭义地说，网络印刷是指一个能将在线数字内容与印刷生产连接在一起的商业印前流程。广义上来说，所有通过网络完成的与印刷相关的工作流程，都可以称为"网络印刷"，它可以包括通过网络完成的印前流程，也可以包括远程打样，印刷设备制造商向其设备使用者提供的在线技术支持，从下达订单，到活件跟踪，甚至追加订单及付款等。所以网络印刷是印刷客户通过互联网登录印刷公司的Web 网页端口，通过该端口与印刷企业开展业务沟通与联系，确定印刷要求和印刷内容，并通过互联网把印刷内容传送给印刷公司后完成印刷的一种形式,它在印刷生产和在线数字内容以及客户之间架起了一座联系的桥梁,允许客户在线完成印刷页面的创建和编辑,在线确认印刷要求。

网络印刷可利用数字印刷技术或传统印刷技术(如胶印)进行印刷品的输出复制。不过,从当前的实际应用来看,网络印刷主要通过数字印刷设备进行印刷。显然,网络印刷可充分利用数字印刷技术所具有的优势和特点,实现一份起印、快速印刷、按需印刷、个性化印刷和远程印刷服务。客户可在印刷前最后一分钟修改印刷内容,而且这些活动却不需要客户与印刷企业之间任何面对面的接触和交流。不仅可节省大量的时间,简化工作流程,降低印刷成本和费用,同时因没有地域限制,可为印刷企业带来更多的潜在客户和业务机会。

网络印刷通过在线订单、文件上传,把印刷需求转化为一组数据信息,印刷厂家通过规范工艺、标准化产品,直接按单进行生产。印刷厂甚至还可以将在线订单直接衔接内部 ERP 系统,经过印刷、质检、裁切、装订、包装、配送等过程,为每一个订单号编制相应的条形码,通过电脑红外线扫描,与各个环节连通,最后转入配送中心,打印配送单据。这样所有的产品都在物流体系中传递,减少了中间环节,使企业作业流程简洁、规范化,提升了作业效率,扩大了产品销售范围和增值服务的种类,提升了企业的现金流转速度,降低了印刷厂的经营成本。

### 10.3.2　网络印刷的工作流程

网络印刷的基本工作过程是:客户通过网络委托给印刷企业一单印刷业务,然后由 MIS(管理信息)系统对该活件进行处理,对有关客户服务及印前制作做些提醒,并对作业调度单自动填注,包括根据该活件的有关数据对印刷机的墨键自动预定,以及印后及发货的相关信息自动输入,使整个生产过程的有关信息无须在任何一点再重新输入。在投入生产后,MIS 系统会自动搜集各种生产数据,包括可以根据实际耗用的材料与加工工时结算出准确的发票,从而了解耗材的节约或超标及整个生产效率的情况等。

网络印刷的工作流程可以分为两大方式:B2B 和 B2C。

1. B2B 网络印刷工作流程

对于 B2B（Business To Business，企业对企业）网络印刷工作流程，需要解决的是提高大客户的使用体验，方便快捷的网上订单系统要实实在在地满足高端客户对印刷产品的管理和订单跟踪，让客户制作出一个内部的产品目录（包括印刷品和非印刷品），并通过互联网把它发送给员工或特许经营店，终端用户可以登陆到这个系统上，从中选择产品或下载需要印刷的内容。印刷产品目录应支持静态模板、版本控制模板和可变数据模板。针对某一印刷产品使用哪款模板可以灵活选择。客户一旦提交了订单，系统就能对订单的整个生命周期进行控制，包括订单的批准，信用卡或现金支付的确认，预检和数据的验证，拼版、印刷、交付和接收确认等。

2. B2C 网络印刷工作流程

B2C（Business-to-Customer，商家对客户）网络印刷工作流程是数字印刷服务商直接面向消费者的方式。众所周知，网络购物已经融入我们的生活，B2C 流程的应用也是网络印刷工作流程关注的大市场。所以，建立友好、便捷、有趣、针对大众消费的个性化网络印刷平台已成为当务之急。

### 10.3.3　网络印刷流程系统

网络印刷首先需要印刷服务商拥有印刷机和印后加工设备等硬件或者与配有相关设备的其他印刷公司建立合作伙伴关系。除了具备硬件条件外，还需要以下几方面的软件配合，才能真正实现规模化、专业化的网络印刷服务。

1. 在线订单管理系统

由于网络印刷的客户分散在全国甚至全球的各个地方，印刷服务商与客户之间通过网络进行业务沟通与交流，这就需要有强大的在线订单管理系统的支撑。该系统直接面向客户，具有在线询价、在线接单、在线支付和在线预览等订单处理功能。它是实现印刷电子商务的接口与界面。客户进入该界面后，主要填写与印刷业务相关的信息，上传待印刷的页面文件，以及在线选择支付方式等。

2. 生产流程管理和作业状态跟踪系统

根据在线订单处理前端系统传来的印刷生产指令和客户所提供的图文信息文件,印刷服务商需经历一系列的生产环节才能把印刷品交付给客户。这些环节包括印前处理、印刷、印后加工处理和物流配送等工作。这些生产环节是紧密相连的,在网络印刷生产过程中,由于印刷品的品种多、印量少,而且每份印刷品要求的印刷数量也不尽相同,因此要想实现高效率的不停机印刷生产,在印前阶段首先应利用数字化工作流程软件完成不同印刷作业的集成拼版与生产管理,用标准化的服务实现规模化的生产。

要使生产流程管理系统高效地发挥作用,还须有印刷作业状态跟踪系统的支持,配置印刷作业状态跟踪系统有利于生产管理部分及时了解和掌握印刷品生产的进度,同时通过该系统与在线订单管理系统间的连接与交互,用户可实时进行订单生产进度查询,从而也可提高客户的满意度。

3. 数字内容管理系统

网络印刷的一个显著优势是印刷品可以按需印刷、重复印刷。在网络印刷过程中,客户提供的大量图形、图像和页面文件传送到印刷公司后,需要有效地加以组织和管理。这样一方面便于在首次订单生产过程中调用相关内容,同时也有利于客户要求再次印刷时能简化生产流程。事实上,客户所提供的数字文件也是一种无形的数字资产,如果建立了有效的数字内容(资产)管理系统,就可以对这些数字资产进行有效的组织、存储、检索、调用和输出管理,并允许客户在任何时候任何地点通过访问印刷服务商的网站,下载或更新其数字资产。显然,如果印刷企业在提供印刷服务的同时,还为客户提供数字文件的存储服务,这种增值服务就可为印刷公司带来更多的客户和新的经济增长点。

4. 物流和配送管理系统

在网络印刷过程中,除了要具备在线自动订单受理、下单、印前处理、印刷品生产服务外,还须为客户提供物流配送服务。配送服务可交由快递公司或邮寄服务公司来完成,但对订单产品的有效存放、配